植物のパラサイトたち——植物病理学の挑戦——

植物のパラサイトたち

—植物病理学の挑戦—

岸　國平著

八坂書房

植物のパラサイトたち　―植物病理学の挑戦―　目次

2部　植物の病気とパラサイト　89

3部　不思議な共生の世界　167

植物とパラサイトたちの世界

寄生生活をする生物

地球上にはほかの天体にはない水と空気があるおかげで、多数の生物が棲んでいます。これは宇宙に浮かぶ無数の天体の中で、唯一地球だけが持つすばらしい特徴だと考えられています。もっとも最近のニュースによれば、火星の地中には大量の氷があるので、今世紀中には火星探査機を送り込み人工的に火星の温暖化を図ってやる、そうすると火星の氷は溶け出して水ができ、さらに空気もできてくるだろう、などという夢のような話もあります。そうなるといつか火星にも生物が棲むようになるかもしれませんが。

地球上に棲んでいる生物には大きく分けて動物と植物、それに微生物という三つの大きなグループがあります。そして動物と植物とは互いに餌にしたり養分にしたりする関係はありますが、それを除けば、大概の動物や植物は独立して生きています。また微生物も大部分のものは水中や土中で自分の力で生きています。ところが一部の微生物の中には自分の力だけでは生きていけないものがあるのです。では、自分の力で生きていけないのに、なぜこの厳しい地球の環境の中で生きていけるのかというと、それはほかのものの力を借りて生きているからです。たとえば、植物の中でもヤドリギは、自身は地中から養分を取らず、樹に取りついてその枝の中に根を入れ、樹から養分を取って成長しているのですが、微生物の中にも同じように、動物や植物、ときには同じ微生物の体の中に入ってそこから養分をもらって生活しながら子孫を増やすという生活スタイルを取っているものがいます。生物学ではこういう生活を寄生生活といい、寄生生活をしているものをパラサイト（寄生者）、そして、パラサイトを寄生させているものを宿主（ホスト）と呼んでいます。

寄生するもの・パラサイトとは

ところで、寄生者を意味するパラサイト（parasite）という言葉自体は、生物学の世界では特に目新しいものでもなんでもなかったのですが、数年前『パラサイト・イヴ』というSF小説がベストセラーになり、ホラー小説大賞を獲得したり映画化・ゲーム化されたりと、一時大きな反響を呼んだことがありました。この小説がきっかけになってこの言葉は一般の人にも知られるようになったようです。このごろでは、親の脛かじりをしながらいつまでも優雅な独身生活を楽しんでいる女性を、幾分の揶揄をこめてパラサイト・シングルなどと呼び、その言葉がときどき雑誌や新聞に登場しているのを見かけたりします。どうやら、いまや「パラサイト」という言葉は新しい外来語としてその地位を確立しているように見えます。

この本の中でもパラサイトという言葉をところどころで使っていますが、ただし、同じ「パラサイト」でもその意味するところは少し異なり、もう少し厳密な意味で使っているつもりです。どう厳密かといいますと、「パラサイト・シングル」などという表現では、軽い意味で、親の脛をかじるあるいは親の懐を当てにするくらいの意味を表しているのでしょうが、そう呼ばれる対象者は大概それだけに頼って生きているわけではなく、自分でもなにがしかの収入を得ているのが普通でしょう。しかし、この本の中に登場してくる「パラサイト」たちは、本当の意味での寄生者であり、自分自身では栄養分を得るための同化作用をすることはできず、もっぱら植物がおこなった同化作用の産物をもらい、ひたすらそれのみに頼って生きている微生物たちなのです。

生物界のパラサイトの中にはホストとの折り合いが悪く、ときにはホストを殺してしまうようなものもあります。こういうときのパラサイトはホストにとっては病原体になり、そういう嫌なパラサイトに取りつかれて困っているホストのことを病気にかかったというわけです。また、同じパラサイトでもホストとうまく折り合いをつけながら、寄生していてもホストに病気を起こさず、仲良く生活していくものやその中間のような生活をするものもあります。病気を起こすものだけを相手にするのなら病原体という一言だけで間に合うのですが、この本では病気を起こすものも起こさないものも話題にしたいので、そんなとき「パラサイト」という言葉で表すのがより適切だと思うのです。

私は長年、「植物病理学」といって農作物や果樹の病気の様相や原因などを探る研究にたずさわってきました。仕事の上では、植物に病気をもたらす微生物が研究の対象だったのですが、公務を離れて植物とパラサイトたちとの関係をじっくり見ていると、実はパラサイトは決して病気の原因・植物の敵として存在しているだけではないように思えるのです。この本では、先輩の研究者たちがこれまでに出会ったパラサイトや私自身が相手にしてきたパラサイトたちをいくつか取り上げ、彼らとヒトやほかの生き物とのかかわりあいを紹介してみようと思います。そして、かれらの姿を紹介しながら、植物とパラサイトがともに生存していることの意味を考えてみたいと思います。それは私たち動物と、植物・微生物とがこの地球上で共存していくことを考えることにつながるように思うからです。

ヒトの手で護られている作物の弱点

ヒトは生物の中でも非常に特殊な存在で、微生物まで含めると何百万、何千万とある生物種の中のたった一種類の生物ですが、ほかの生物にはない「考える能力」を持って生まれたために、ヒトが誕生してからわずか何万年かの間に、その能力を使って、今日のように地球上に六〇億人もの人口を持つほどに増殖してしまいました。ところが、それだけのヒトが生きていくためにはたくさんの食糧が必要ですから、世界中の水田や畑や草地などで、作物を作ったり家畜を飼ったりして食糧を得ているのです。もちろん海や川では魚や貝を捕って食糧にしています。

ヒトが食糧を得るために栽培する作物、それはみな植物ですが、この作物は、同じ植物でも野生の植物とは少し違っています。ヒトは数千年も前から、野生植物の中からできるだけたくさん実をつけるもの、食べておいしいものを残すことを繰り返してきました。長い年月をかけてもっとよいものをもっとよいものをと選びながら、今日栽培されているようないろいろな作物、いろいろな品種を作り上げてきたのです。ですからイネもムギも、ジャガイモもトマトも、その祖先である野生種がいまでも世界のどこかに自然に生えていますが、両方を比べてみると彼らは似ても似つかぬものになっています。どう変わったかというと、作物になった方は非常に大きくなっています。特にヒトが食糧にする「実」のところが大きくなり、大きくなるだけでなくたくさんつくようになっています。ですからイネもコムギもジャガイモもトマトも、作物になった方は一株から収穫される量は野生種の何十倍にもなっているはずです。

しかし、よいことだけではありません。悪くなったところもあります。どんなところが悪くなったのかというと、全般にひ弱になったのです。たとえばトマトには「桃太郎」という美味しくて大きな赤い実をつけるよい品種がありますが、その種子を道ばたの草むらの中へ落としたとしましょう。その種子はどうなるかというと、運よく種子の落ちたところが草と草の間の土のところで、その上雨でも降ってくれればうまく生えるかもしれませんが、まず普通なら芽を出すこともできないでしょう。もし、芽生えたとしても、そのトマトは草のかげでヒョロヒョロと成長し、とても花をつけるようなところまでは育たないでしょうし、近くにいた虫たちの格好の餌になってしまうかもしれません。これはイネやムギでも同じような運命です。作物というのはそれほど弱いのです。いやむしろ作物が弱いというより野生の植物が強いといった方がよいかもしれません。

一方逆に、よく耕された肥えた畑に「桃太郎」トマトと野生のトマトの苗を並べて作ったとします。「桃太郎」の方はどんどん大きくなり、花を咲かせやがて大きな紅い実をつけますが、野生種の方は、いくら手を尽くしても、草だけが大きくなって実は小さくて硬いとても食べられないものしか取れません。イネでも同じです。コシヒカリと野生のイネを同じく条件のよい水田に播いたとします。コシヒカリの方はどんどん育ち、秋には一粒播いたイネから何百粒もあるいは千何百粒も籾が取れます。しかし野生イネの方は草ばかり繁茂して実は小さいものがほんの少ししか取れません。作物と野生種というのはそんなにも違うのです。

作物と野生種とではもう一つ大きく違うところがあります。それは、作物は病気に弱く野生種は強いというところです。これは同じ条件で比較することがむずかしいので必ずしも断言はできませんが、まずそういって大きな間違いはありません。このときの病気というのがパラサイトにかかわりがあるのです。パラサイトが寄生することによって病気が起こるからです。

作物というのは、ふかふかとしたよい土にたくさんの肥料をもらってどんどん育ち、たくさんの実や大きな果実をつけます。こういう植物はパラサイトたちにとってもとても生活のしやすい好もしい相手です。ですから、もしパラサイトの胞子がその果実につけば、大喜びで増殖します。増殖するということは作物にとっては大病にかかるということです。そのパラサイトがもし根から入って導管を侵すようなタイプであれば、きっと作物は早晩枯らされてしまうでしょう。また葉に胞子を作るようなパラサイトであれば、大きな病斑を形成してたくさんの胞子を作り、それが別の株に飛んでいって伝染し、畑中の作物に発病することでしょう。パラサイトというのは、ヒトによって選抜され、よく育つけれども弱い作物には、ときに想像を絶するような大発生をして大きな被害を出すのです。

パラサイトの区分け

地球上には作物以外にもたくさんの野生の植物、たとえば草であれば雑草、樹木であれば山野に自生している樹木などなど、数限りない種類と数があります。実はこれらの植物にもパラサイトはつくのです。パラサイトがついてときには病気になり、ときには病気というほどにはならずそっとパラサイトを育ててやるということもあります。自然の中にある植物は、われわれの目には触れないところで、その葉の上や身体の中でたくさんのパラサイトたちを育てています。秋になると樹の葉が落ちたり草なら枯れてしまったりしますが、その枯れ葉や枯れ草の中には数限りない種類と数のパラサイトたちが生活し、あるいは来年の夏、新しい葉が出るまでの間じっと生命を保っています。

ところで、ここまで一口に「パラサイト」と言ってきましたが、パラサイトというのはただ一種類なのでしょうか、それともいくつか種類があるのでしょうか。

植物に寄生して養分をもらい生活しているパラサイトには、大きく分けて五つもの種類があるのです。形の小さいものから順に並べてみますと、ウイロイド、ウイルス、ファイトプラズマ、細菌、糸状菌の五種類です。

まず、ウイロイドというのは、いちばん小さくてその内容も核酸だけでできているものです。病原体としてはなかなか重要なもので、ビールに欠かせない苦味を取るホップや、リンゴ、ブドウ、スモモなどの果樹などに病気を起こします。ウイルスはその次に小さいもので、内容は中心に核酸、そのまわりにタンパク質の衣を着た形をしています。しかも球状のものから柱状やひも状のものまであり、大きさは球状のもので直径三〇ミリミクロン（一ミクロンは一ミリの千分の一）、長いひも状のものでも長さが七、八〇〇ミリミクロンですから電子顕微鏡でなければとても見えません。あらゆる作物にいろいろの病気を出しますし、病気を出さず潜在しているものもあります。

三番目のファイトプラズマについては、この本の「MLO発見物語」のところで詳しくお話しますが、ウイルスと大きく違う点は、ウイルスのように一定の形をしておらず、形も大きさもまちまちだというところです。四番目の細菌はバクテリアとも言われ、核もある立派な一個の細胞からできていますが、ただし細胞一個だけの単細胞生物です。しかし鞭毛（べんもう）を持って水中を泳ぐものまであり、大きさも一、二ミクロンですから普通の光学顕微鏡で見ることができます。五番目の糸状菌はいわゆるカビです。お餅を常温に長く置いておくとカビが生えますが、あれが糸状菌ですから、これはもう肉眼でも見ることができます。単細胞の細菌とは違い立派な多細胞生物ですから、たとえば私たちの生活の中でもっとも身近な糸状菌であるキノコを分解して顕微鏡で見ると、キノコの身体は全部細い菌糸の集まりであることがわかります。糸状菌は、この本の中でいろいろな物語の主人公として登場してきます。

知恵比べ

人間は生きるためにたくさんの作物を栽培し、食糧を得なければなりませんが、これらの作物が育っている畑やハウスは、パラサイトたちにとってはそれこそ夢のパラダイスともいえる場所です。どうして楽園かといいますと、そこで作られている植物はいずれもヒトによって磨き上げられた「作物」で、彼らにとってはとても美味しいものばかりです。しかもかぶりつこうとする作物は列をなしてまとまって生えています。ですからパラサイトたちが仲間や子孫を増やそうとすればいくらでも増やせそうです。これはパラサイトの眼で見たときの畑やハウスの状況ですが、自分の食糧を得るために作物を育てている人間としてはどうでしょう。自分が食べようとするものがパラサイトたちにたかられて腐ったり傷んだりしては困ります。ですから、できるだけ抵抗性を強くした品種を作ったり、ときには農薬をかけたりします。抵抗性品種が出てくると、しばらくの間相手のパラサイトは困りますが、人間の知恵よりいまのところパラサイトたちの能力の方が勝っていますから、そんなに深刻になることはありません。どうするかというと、抵抗性品種が栽培されはじめた当初は静かにしていますが、やがて彼らの身体の中に変化が起こって、抵抗性品種でも栄養にできるように変身してしまいます。こうなるともう昔と同じように増えることができるのです。

困るのは農薬です。これを徹底的にまかれると、彼らはこれがいちばんの苦手です。うまそうな葉っぱや実があったので、胞子が飛んでいって入り込もうとしても、農薬の膜が張ってあるところでは胞子が発芽することができません。このごろの農薬は非常に工夫が凝らされていて、人間の身体に悪影響がないようにごく薄い濃度のものをまいておくと、それを吸った作物が後天的にパラサイトに対する抵抗性を獲得するようなものまでできつつありますから、彼らにとっても生きにくい世界になりつつあります。

しかし、パラサイトたちもさるもの、農薬や抵抗性品種くらいで彼らが地球上からなくなるようなことはないのです。たとえば、人間たちはたいがい機械で農薬をまきますから、まきむらができて、葉が混んでいる中の方とか下葉や畑の縁の方などには、彼らがひっそりと生き残り子孫を残すのに都合のよいところはいくらもあります。それにこのごろ人間社会では、農薬は健康に悪いからといって嫌われ者になり、無農薬栽培とか減農薬栽培とかいう、パラサイトたちにとっては好都合なことも起こっています。ですから人間は一生懸命パラサイトによる被害、すなわち病気による被害を防ごうと苦心していますが、どっこい彼らはどこかでチャッカリ生き残っているのです。

ヒトに役立つパラサイトも

ところで、パラサイトたちは人間の食糧を奪う嫌われ者ばかりかと思うと大間違いで、中にはヒトを助けてくれる、そんな頼りになるパラサイトもたくさんあります。ヒトを助けてくれるパラサイトの代表的なものは菌根菌（きんこんきん）といわれるグループです。このグループは糸状菌で、植物の根に寄生し、根と共生して根から養分をもらうのですが、一方で、自分で作った養分を植物に返すことで植物を助けるという役を果たしています。菌根菌は森の樹木にはごく普通についていて、森林の維持発達に非常に大事な役を果たしているのです。しかもこの仲間の中には、ある時期になると自分の子孫を残すためにキノコを作るものがあります。キノコの傘のひだの中には胞子があって、これが子孫を残す元になるのです。キノコは彼らにとっては子孫を残す特別な器官ですが、人間から見るとおいしい食べ物になります。マツタケもハツタケもみなこの類です。

　ヒトを助けてくれるパラサイトのもう一つのグループはマメ科植物につく根粒バクテリアのグループです。彼らはマメ科植物の根について根粒というこぶを作り、その中で生活しています。そうして自分が育つのに必要な養分はマメ科植物からもらいますが、自分では空気中の窒素を固定する力がありますので、せっせと固定してできた窒素化合物は自分に棲みかを与えてくれるマメ科植物に返してやります。

　地球上には野原にひっそりと生える草や木が無数にあって、この植物たちにもパラサイトはつきますから、こういうものの中にはヒトの生活とは縁もゆかりもないものがこれまた無数にあります。こういう無数のパラサイトのことは、あるはずだということはわかっていてもどんな種類があり、どんな生活をしているのか誰も知らないことが多いのです。しかしヒトを困らせるパラサイトのことを研究していると、思いもかけないところに彼らが潜んでいてびっくりさせられることがあります。この本では、そんなことにも触れてみるつもりです。きっと、こんなところにパラサイトと草や木との秘かな生活があったのか、とびっくりされることでしょう。

1部

食の歴史を変えたパラサイトたち

アイルランドの大飢饉とパラサイト

アイルランドとジャガイモ

いまから一五〇年ほど前、日本では明治になる前、江戸末期のことです。そのころアイルランドでは人々の常食はジャガイモでした。ジャガイモが常食というといかにも貧しそうに聞こえますが、決してそうではありません。当時のアイルランドの人たちにとっては、貧しいどころかジャガイモはとてもよい食材だったのです。それもそのはずです。ジャガイモが普及する前、一九世紀はじめまでのアイルランドは、わずかなコムギと羊や牛を飼う草が育つぐらいで、大した産物もなく、人口二〇〇万人足らずの貧しい島国だったのです。

ところが、一九世紀に入って間もなく、栄養豊富なジャガイモがどんどん作られるようになり、国民の食糧事情が好転したために、わずか四〇年ばかりの間に人口は八〇〇万人にも増加したほどだったといいます。それだけジャガイモの人口扶養力が大きかったわけです。ジャガイモはもともと新大陸起源のもので、一五八〇年ころメキシコからスペインへもたらされ、一六世紀末にヨーロッパ各地に広がったものですから、島国アイルランドで食用として普及したのはやや遅かったのでしょう。

平成八年一一月一七日の朝日新聞日曜版にこんな記事が載っていました。約一五〇年前のアイルランド農民の食事は「朝ジャガイモ、昼、夜ジャガイモ、それに脂肪分の少ない牛乳があるだけだった。成人男子は一日に七キロのジャガイモを食べていた」というものでした。その当時は世界中の国々で、人口の七割も八割もの人が農民だったのですから、アイルランドでは国民の七、八割の人がジャガイモで栄養の大部分をまかなっていたということになります。

ジャガイモ

こんな状況のとき、その大事なジャガイモが急に不足したらどうなるでしょう。島の外から食糧を運び込もうとしても、現在と違って輸送力は問題にならないくらい弱かったのです。ことにアイルランドは島国でしたから、不足した食糧は外国から買わなければなりません。

お金もなく、輸送力も弱ければ結果は目に見えています。大食糧不足すなわち大飢饉がこの島国をおおったのです。

大事なジャガイモを襲った怪事件

運命の年は一八四五年でした。

前年まではなんの問題もなく、夏の終わりごろになると、その年の役目が終わって茶色に変わった茎葉（けいよう）の下にはきれいなジャガイモがごろごろとできていたものでした。人々は総出で収穫し、少し乾かしてから貯蔵庫に入れ、それから丸一年間それを食べて生活していたのでした。ところが、その年はまるで違っていました。その年の夏は例年に比べて冷たい雨や霧のかかる日が多く、ジャガイモの草は伸びるには伸びてもなんとなく弱々しく、農家の人たちは毎日もっと太陽が照ってジャガイモが丈夫に育ってくれないものかと心配していました。

ジャガイモ

悪いときには悪いことが重なるもので、その年の冬、ヨーロッパ大陸から輸入されたジャガイモの種子薯（たねいも）に伝染力の強い疫病菌（えきびょうきん）がついてきたらしいのです。疫病菌というのはジャガイモやトマトにつくパラサイトですが、

疫病にかかって枯れはじめたジャガイモの葉

夏にしては気温が低く雨や霧の多い天候が大好きです。この年のアイルランドの条件は疫病菌の活躍にぴったりだったのです。どこかで発生をはじめた病気は瞬く間に広がり、島の中のどこでもかしこでもジャガイモが疫病にかかりました。この年のように、ジャガイモの草が弱々しく、病気に弱い体質の時にはこの菌たちは大喜びで暴れまわり、病気にかかった葉はまるで煮えたようにべたべたになり、その表面には霜のようなかびが出て大量の胞子が作られます。胞子はパラサイトの子供たちです。この子供たちは雨水の中に入ると発芽して遊走子を一〇個も二〇個も出し、これがみんな発芽してまたジャガイモに侵入します。だからこの年のアイルランドのような天候のときにはどんどん病気が広がってしまうのです。しかも悪いことに、このときのパラサイトは特別伝染力の強いものでしたから、葉の上にできた胞子が雨水といっしょに土の中に入り、できたばかりの薯にもどんどん伝染していきました。感染した薯は畑の中でも腐りますが、それより困るのは、きれいだと思って貯蔵庫に持ち込んだ薯が、すでに感染していて貯蔵庫の中で次々と腐ることでした。

一八四五年のこんな状況を伝えた新聞ガーデナース・クロニクル紙の次のような記事が残されています。「八月二〇日、ダブリンで最初の病害発生の報告。九月一三日、ダブリン周辺ではすべてのジャガイモが腐敗。どこでもジャガイモが腐ってしまうとすればアイルランドは一体どうなるのだろう」、さらに同じ年の秋に管区警察はこんな報告を出しています。「一一月一二日、地下室に入れたときは無傷だったジャガイモも腐っている。貧しい人々は絶望しはじめている」。これだけでも恐ろしい状況なのに、アイルランドの人々にとってもっと絶望的だったのはこんな状況が四年も続いたことでした。一年目はなんとかしのいだとしても、二年目、三年目、四年目となったらどうなることでしょう。いまアフリカの内戦の続く国々で起こっている食糧不足よりもっともっとひどい状況だったことでしょう。四年間に一〇〇万人もの人が餓死してしまったのです。おそらく長い人類の歴史の上でも、一つの作物の一つの病気が引き起こした事件とし

疫病にかかって腐り
はじめたジャガイモ

ては空前絶後のものでしょう。パラサイトそのものはそんなに凶悪なものではなかったのに、悪い条件が重なるととんでもないことが起こるものだということを、後の世まで伝えてくれる事件でした。

意外にもおとなしい疫病菌

これは、一五〇年も前にアイルランドで起きた恐ろしい事件でしたが、これを聞くと疫病菌というのはとんでもなく強くて凶悪な菌のように思われるかもしれません。しかし決してそうではないのです。実はとても弱く、特に高温と乾燥には格別弱い菌なのです。私は若いころこの菌の研究をしていたことがありましたが、その性質のために研究用に使おうとするととても扱いにくい菌でした。この菌はジャガイモだけでなく、同じナス科のトマトにも寄生してときどきひどい病気を起こすので、当時私がいた試験場では、トマトでも抵抗性の品種を作ることになったのですが、新品種を作る前に、日本の中にどんな性質を持った系統の菌が分布しているかあらかじめ調べておくというのが私に与えられた研究テーマでした。研究するためにはまず畑で出ているトマトやジャガイモの病気の葉を集め、そこから菌を純粋分離してたくさんの株を集めなければなりません。ところがこの菌は、植物の上ではどんどん増えて、アイルランドのときのように低温で雨が多く、しかもべた一面にジャガイモが栽培されているようなときには、とんでもない大発生をすることがあるのですが、日本のようにジャガイモもトマトもところどころで作られているような土地柄では、たとえ低温、多雨の年でも日本中で大発生するようなことにはならないのです。ですから研究用の菌株集めにも、発病しているのを探して歩くのにも大変な苦労がありました。また菌株を殺さずに維持するにも苦労が絶えませんでした。パラサイトというのは元来植物に寄生し、自然の中で生きていくものですから、人間が、人工的な環境の中で増やしたり生かしておいたりするのには無理があるのです。このとき、この扱いにくい疫病菌と仲良くつき合い、一〇年ばかり研究したおかげで、疫病菌の性質をいろいろ明らかにすることができ、それをまとめて論文にし、結局その論文が私の学位論文にもなりました。ですから私はいまでも疫病菌には格別な親しみを持っています。

なお、これは言わずもがなのことですが、アイルランドでこんな恐ろしいことを起こしたといっても、もちろん疫病菌というパラサイトは、人間にはなんの害も及ぼしません。その研究で一〇年間も疫病菌を扱った私はいまでも元気ですし、日本にも世界にも現に研究のためにこれを材料にしている研究者はたくさんいます。

貴腐ワインの秘密

ワイン通垂涎のまと

これはふだん嫌われ者の病原パラサイトが、貴腐（きふ）ワインという思いもよらない貴重品の造り手に変身するという話です。話の主役は、よく熟したブドウとこれにつく灰色かび病菌というパラサイトで、この両者が、何十年か何百年に一度というごくまれな機会に演ずる高級なお芝居の話です。そしてそのお芝居の結果生み出されるのが、世にもめずらしい貴腐ワインです。石井賢二さんという、昔サントリーの山梨農場の場長をしておられた方が『植物病理学事典』に書かれたものを参考にして紹介しましょう。

そもそも貴腐ワインというのはどんなものでしょうか。はじめにごくあらましの話をすればこんなことです。

ワインは紀元前から、人類の歴史とともに生まれたと見られるほど古いもので、長い間人々に親しまれてきたお酒ですが、その古く長い歴史の中でも何十年、何百年に一度しか生まれないほど貴重なものが貴腐ワインなのです。そんな貴重なものですから実際に飲んだことのある人もごくわずかで、味の方もそれこそ伝説的にすばらしいものだ、というくらいしか言い表しようがありません。残念ながら私もいまもって味わったことがありません。

果物の大敵灰色かび病菌と貴腐ワイン

果樹でも野菜でも、各種の花きでも同じことですが、初夏とか初秋の時期に雨が続くと、散りそうになった花びらに灰色のかびが出て花が腐ることがあります。このとき花びらの上に灰色の胞子を作る菌、これが灰色かび病菌と名づけられているパラサイトで、貴腐ワイン造りの一方の主役なのです。このパラサイトは弱ったものならなんにでもつくハイエナのように貪欲な

ブドウ

パラサイトですが、その割には弱いところもあって、表皮がしっかりしていて生きている葉や果実には侵入することができません。花でも開いたばかりの新しい花びらには胞子がついても侵入できず、しばらくの間はじっとしています。

ところが開いてから一、二日すると大概の花びらは少し弱り散る準備に入ります。このころになるとパラサイトの胞子は急に元気になり、発芽して元気に伸びた菌糸を花びらの組織の中へ差し込んできます。そうして散りかけて生理的に弱った花びらの中を縦横に伸び、間もなく表面にびっしりと灰色の胞子を作ります。花びらの上で繁殖した菌糸はとても勢いがよくなり、胞子のときには侵入できなかった健康な葉や果実にも、これを足場にしてどんどん侵入します。ハウス作りのトマトやキュウリにとってこのパラサイトによる病気は恐ろしいものですが、みな古い花弁がもとになっているのです。

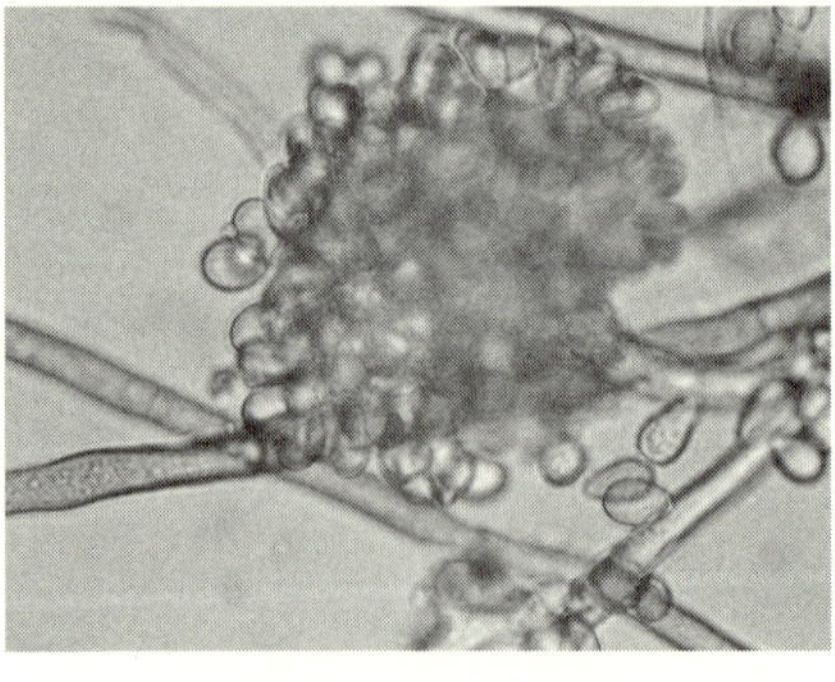

灰色かび病菌の胞子

ブドウではどうでしょうか。ブドウでもやはり花の時期が問題です。ブドウの花はサクラやモモと違ってどれが花かわからないような地味なものですが、それでも花には違いなくちゃんと花弁もついています。ですから、この貧弱な花びらでもパラサイトたちは抜け目なく探し当ててつくのです。そして花びらで繁殖した菌はそのすぐ下にあるマッチ棒の頭くらいのブドウの幼果につき、これを餌にしてしまいます。ですから、この時期にパラサイトにやられたブドウの房は、実が小さいうちにぽろぽろ落ちてしまい、熟してもところどころにしか実がないような房になってしまいます。ブドウではこの現象を「花ぶるい」といって恐れられているのです。

灰色かび病菌にかかったブドウの果実
貴腐ではない腐り方になっている

このときこういう仕事をしたパラサイトたちは、胞子や菌糸の形で房の近くにじっと潜んで夏を越し、秋を迎えます。秋になるとブドウは成熟の季節を迎え、ここでパラサイトたちはもう一度活躍の舞台に立ちます。秋雨が何日も降り続くと、熟してきた果実は中身が充実してきた圧力と根が余分に吸い上げた水分の圧力で、ときどき「実割れ」を起こします。そうすると割れ目からは甘い汁が流れ出し、そこにはそれまでしっかりと果実を守ってきた皮がなくなり、実が裸になって出ています。灰色かび病菌にとっては願ってもないチャンスです。すぐ菌糸を伸ばしてどんどん繁殖します。実はこれが貴腐ワインのもとになるパラサイトの普通の増殖の姿です。しかしどうやらこんな腐れ粒では貴腐ワインの材料にはならないらしいのです。それはそうでしょう、こんな粒なら毎年できますから、収穫の間際に籠を持って集めてまわればいいわけで、これでできるなら貴腐ワインなどは毎年できて、ありがたみもなくなってしまいます。

貴腐果ができるまで

それでは本物の貴腐ワインの材料になるのはどんなものなのでしょうか。ここからは勉強の結果の受け売りですが、まずなんの障害もなくきれいに熟したブドウの房が必要です。そこにさっきのパラサイトの胞子がやってきます。普通ならこの状態では胞子はいつになってもそのままなのですが、湿度と光とぶどう園の状態とが神秘的にそろったとき、パラサイトたちが不思議な行動をとるのです。

パラサイトの胞子は発芽し、ふつうなら中に侵入しようとするのにそれをせず、おもに果実の表面だけで菌糸を伸ばして繁殖することをはじめます。そうして、菌は自分の出す酵素でブドウの表面のワックスを溶かしはじめます。ワックスが溶かされるとブドウの表皮は弱くなり、それまで水分の蒸発をしっかり抑えてきたのに、それがきかなくなり、水分がどんどん飛んでいきます。そうするとブドウの粒は、表面にパラサイトの菌糸や胞子をつけたまま干しブドウのような状態になります。こうなると中の糖度はぐんぐん上がり、五〇度以上にも高まります。しかも、このときパラサイトたちは隣の粒へ隣の粒へとひろがり、ついには一房全部をこの状態にすることもあるのです。こういう状態の果実を貴腐果といいます。そしてこれだけを集めて造られたワインが貴腐ワインと呼ばれるわけです。

貴腐果の状態になるのも、めったにないわけですから、これがワインを造れるほどできるのはそれこそ何十年か何百年に一度しかないというのもうなずけます。そのためにワインの歴史をしるした文献には何年にどこの国のどこの農場で貴腐ワインが造られた、と記録が残されるのだそうです。ちなみに文献上に残されている有名なものは、一七七五年、ドイツのシュロス・ヨハネスブルグ農場で、一八八〇年ごろフランスのシャトー・デ・イケムで、また日本では一九七五年に山梨のサントリー農場で、というものです。灰色かび病菌というパラサイトはそれこそ世界中どこにでもいて、人間との関係ではおおむね嫌われ者になっているのですが、ときには、こんな味なこともやるのです。

なお貴腐ワインについてもう少し情報を付け加えておきますと、日本語では「貴腐」という語を使っていますが、英語ではノーブル・ロット（noble rot）、フランス語ではプーリチュール・ノーブル（pourriture noble）、ドイツ語ではエーデルフォイレ（Edelfaule）、どれも「高貴な腐敗」という意味の語が使われます。またブドウの品種にもうるさい決まりがあり、赤系品種では原料として適さないそうで、貴腐ワインとして利用できるのはセミヨン（Semillon）、リースリング（Riesling）、パロミノ（Palomino）という三品種に限られるということです。

二十世紀ナシの悩み

二十世紀ナシは明治二一年ごろ、千葉県八柱村（現松戸市）の石井佐平さんという人のゴミ捨て場付近で生まれ、これを本家の松戸庄衛門さんか、あるいはその孫の覚之助さんが発見したものといわれています。自然に生えていたいわゆる偶発実生（みしょう）として発見されたのです。そしてその優秀性が再発見され「二十世紀」と命名されたのが明治三七年、一九〇四年のことですから、この品種はまるまる一世紀一〇〇年の間、現役の超一流品種として、毎年何万トンも生産され、活躍してきたわけです。しかもそれだけではありません。二十世紀ナシは交配親となって、子や孫として「菊水」、「八雲」、「新世紀」、「新水」、「幸水」、「豊水」などの一流品種を生んできたのです。

もし二十世紀ナシがなければいま私たちがよく食べるナシの品種はほとんど一つもないわけで、その遺伝的性質がいかに優秀なものだったかということがよくわかります。しかもお

ナシの花

もしろいことにこれらの新しい品種はいずれもなんとかして二十世紀ナシを超えようとして交配、選抜され、一応高い評価を得て世に出たものばかりなのに、その中の「幸水」や「豊水」などと並んでいまなお二十世紀ナシは一流の座を保っているのです。

ではそんなに優秀な二十世紀ナシのどこが不足で次々とそれを超えようとする交配がおこなわれたのでしょうか。

実は二十世紀ナシには生まれたときから現在まで、大きな悩みがあったのです。その悩み事とは、黒斑病（こくはんびょう）というナシの病気の中ではいちばんやっかいな病気に、自分だけが格別弱いという宿命を負ってきたことでした。

二十世紀ナシの宿命

黒斑病というのは黒斑病菌という糸状菌性のパラサイトが起こす病気ですが、この菌は黒い菌糸と黒い胞子を持った見るからに強そうな菌で、事実、病原性も強く悪環境にも強い非常にやっかいな菌です。もし、二十世紀ナシを袋かけもせず薬もまかずにおけば、一本の樹に二〇〇や三〇〇の実をつけても、食べられるような大きさになるまでにあらかた黒斑病で落ちてしまいます。

どんなふうになるかといいますと、花が終わって小指の頭ぐらいの果実ができたときからもう病気が出はじめて、これにかかった果実はすぐ真っ黒になって落ちてしまいます。幸いそのときには落ちずにもう少し大きくなっても、今度は親指の頭ぐらいになってからは、菌にやられて黒い病斑になったところからひび割れて、これもじきに落ちてしまいます。それでも残ったものは、今度パラサイトにやられるとまるで熟したようになって黄色くなり、雨でも降るとぽとぽとと落ちてしまうのです。その間に葉の方も新しく出たものから病気が出て落葉しますから、ナシの樹は半ば坊主になってしまいます。

こんな弱い二十世紀ナシをいままで一〇〇年もの間どうやって守ってきたのでしょう。それには二十世紀ナシ栽培農家の血の出るような苦労があったのです。もちろんその防除技術の元を作ったのは明治の中ごろから活躍をはじめた試験場の技術者たちでしたが、それでも最後

黒斑病にかかって割れたナシの幼果

の決め手になったのは農家の努力でした。

昔はナシ畑にはたくさんの虫たちが飛んでいましたから、春、花が咲くころにはそれこそうるさいほどにいろいろな種類の蜂やハエ類が蜜を吸いに飛んできて、花粉を運んでくれました。しかしこのごろでは虫が少なくなり人が花粉をつけてやらなければ足りなくなりましたので、春一番の仕事は虫の代わりになっておこなう花粉付け、受粉作業です。花粉付けが終わって花が散ると、農家の次の仕事は果実の整理です。一つの果房に五つも六つも果実がつきますから、それを一つに整理するのです。このとき残した果実に小さな蝋紙の袋をかけてやります。これがまず第一のパラサイトからの防御です。

そのあと一カ月くらいたってから二度目の袋かけをします。このときは大概これからあと収穫期までおいておけるように、二重の袋をかけます。外側には水をはじく油紙の外袋、その内側に少し小さい蝋紙の袋、この蝋紙の袋には特殊な仕掛けがしてあります。それはなにかというと、蝋の中にパラサイトの胞子が嫌う薬を入れるのです。人が食べる果実に触れる袋ですから人に毒性があるものではだめですが、人に毒性がなくてパラサイトの胞子の発芽を抑えるような薬を慎重に選んで蝋にしみこませてあるわけです。

こうして三重もの防御をしてやるのですが、これでもまだ不十分ですから、夏の間に十回以上もの薬かけをするのです。二十世紀ナシの持つ弱点、黒斑病菌というパラサイトに弱いところをカバーするために、栽培農家はこんな苦労をしているわけです。

黒斑病に強いナシを

さきに二十世紀ナシの血を引いた子や孫品種がたくさんあると書きましたが、それらを作るとき育種家たちが目標にしたことはなんだったでしょうか。

そのいちばんの目標はもちろん黒斑病の克服でした。黒斑病に強くするためにはこれに強い品種と交配することがまず考えられます。もちろん育種家たちはこの方法を取りました。ただ交配というのは、黒斑病抵抗性だけでなく、味や形や色や肉質などほかのあらゆる性質をまぜこぜにするわけですから、交配した結果出てくる子供はどんな性質になるか見当がつかないわけです。運よく黒斑病に強い個体が出てもそのほかの性質は問題にならないほど悪いかもしれません。黒斑病にも強くそのほかの性質もよいものの出る確率は非常に低くなります。

しかし、苦労はいつか報われるもので、この企てが最初に成功したのが二十世紀ナシに「太白」という品種をかけて作った子供の中から選び出された「菊水」、「八雲」、「新高」という品種たちでした。中でも「菊水」が優れものでした。これはかつての神奈川県園芸試験場で、菊地さんという方が中心になって作り出されたものです。黒斑病には強く、色や形や味も二十世紀に近いもので、大いに期待されました。ただ残念なことに二十世紀に比べて日持ちが悪く、どうしても親を超えるまでには行きませんでした。

しかし、この「菊水」は自分が直接栽培される代わりに、交配親として、二十世紀の孫品種を作るために大活躍しました。その孫品種の中で、現在私たちがよく食べているのは「幸水」と「豊水」の両品種です。この二つに「新水」を加えて三水というトリオがあり、これらは国の園芸試験場で作り出されたものですが、いずれも黒斑病には強く味もよいので、「幸水」と「豊水」の二品種は二十世紀をしのぐ勢いになっています。

ただ、どっこいそれでも二十世紀ナシはしぶとく残っているのです。そのいちばんの理由は、なんと言っても二十世紀ナシにはこの二品種がどうしてもかなわないすぐれたところがあるからです。それはなにかというと果実の肌と色の美しさ、それに日持ちのよさです。ですから育種家たちも栽培者たちも、その後も依然として、この二十世紀ナシのよいところはすべて持ったまま、黒斑病にだけは強いという品種ができないものかと夢を持ち続けていたのです。

ゴールド二十世紀の登場

ところが、果報は寝て待てというおもしろいたとえがありますが、このたとえどおりの幸運が一〇〇年近くも待ったニ十世紀ナシにやってきたのです。二十世紀ナシが生まれたときから長い間守り育ててきた鳥取県の人たちの喜びは大変なものでした。それはどんな幸運かといいますと、茨城県の大宮町に放射線育種場という、ガンマー線を当てていろいろな作物に変異を起こさせ、その中からよい変異を見つけ出し、新しい品種にしようという研究所がありますが、実は幸運はそこで生まれ出たのです。

たくさんの作物といっしょに二十世紀ナシの樹もガンマーフィールドの中に植え込まれていました。長い時間がかかることですから、何年も何年も、担当者も何人も変わる間ガンマー線を浴び続けていたナシの樹に、誰も知らない間に秘かにある細胞のDNAの一部に変異が生まれていました。それが何年もかかって一本の枝に成長したのです。ある年一人の幸運な研究者が、その枝にだけ黒斑病の出方が異常に少ないことに気がつきました。

それからというものその枝から芽をとって接木をしたり、できた苗にパラサイトの胞子を接種したりしてどんどん研究が進められました。そしてできあがったのです、黒斑病に強く、果実の品質はいままでの二十世紀ナシと寸分違わない夢のような品種が。それは「ゴールド二十世紀」と命名されました。今年あたり店頭に出る二十世紀ナシの何パーセントかは、もうこのゴールド二十世紀のはずです。

永遠のチャレンジ、イチゴの品種改良

イチゴの新品種を作る

福寿、ダナー、宝交早生、とよのか、女峰、とちおとめ、と書けば、「あっイチゴの品種だな」と気のつく人が多いはずです。それほどイチゴの品種は一般の人々にも広く知られるようになってきました。最近の東京方面での人気品種は、東の「とちおとめ」西の「とよのか」といったところですが、これは「とちおとめ」が関東の栃木県で、「とよのか」が九州の久留米で生まれ、その上この二品種がそれぞれ負けず劣らぬ味のよさと姿形のよさを誇り、消費者から圧倒的な支持を得ているからです。そのため両品種は生産量からいっても常に全国で一、二を争っています。

しかし、このごろほかの県でも、これではならじと自分の県独自の品種づくりに熱心になっていて、たとえば静岡県の「章姫」や、岐阜県の「濃姫」のように、それぞれ特徴のある品種を作りはじめています。そのうちに「とちおとめ」や「とよのか」をしのぐようなよい品種が出てくるかもしれません。

さて数年前のこと、「女峰」や「とちおとめ」を育成した栃木県農試栃木分場を訪ねてみました。大きなガラス室が三棟も四棟も並び、その中にはびっしりとイチゴが植えられ、いましも果実が熟する真っ盛りでした。部屋中にイチゴの甘酸っぱい香りが満ちて、花粉運びのために飼っているミツバチの羽音がしきりに聞こえていました。この温室は「女峰」や「とちおとめ」を超える新しい品種を作るために、選抜試験をしている真っ最中だったのです。そこに植わっていた何千株のイチゴは、交配をして種子を取りそれを播いて苗を作り、よく育つものを選抜してから植えつけたもので、交配からもう三年目ということでした。

イチゴ

驚いたことにこの何千本がすべて品種候補だという

のです。ということはどの一本でもそれを植えてランナーを取り、来年畑に植えればそのまま新しい品種になる可能性があるということです。うそのように聞こえますがうそではありません。そこがイチゴのような栄養繁殖性の植物のおもしろいところです。Ａという品種の花にＢという品種の花からとった花粉をつけ、人工的に交配してイチゴの実がなったとします。熟した実をつぶしてガーゼに包んでよく洗い、種子を取ります。種子が五〇個取れたとしましょう。これを湿ったガーゼやろ紙の上に播いておくと小さな芽を出してきます。この芽を注意深く育てて一年すると一人前のイチゴの苗に育ちます。もしその中からうまく四〇本の苗が育ったとすると、その四〇本は四〇の新品種になるということなのです。もちろんどんな実がなるかは保証の限りではありませんが。

こんなふうに書くとイチゴの品種というのは、いとも簡単にできてしまうと思われそうですが、どっこいそうはいきません。見せてもらった温室の風景から、品種候補の苗を作った後の苦労がどんなに大変か聞かせてもらってびっくりしました。まず、その何千株ものイチゴをわずか二、三人の専門家で、一株一株丁寧に調査しなければなりません。果実の色、形、大きさ、味、味といっても甘いだけではだめで、酸味もあって酸っぱすぎず、甘味にもおいしい甘味とただ甘いだけのだめな甘味もあるそうですから、それも味わい分けなければなりません。そのほか花のつき方の多いもの少ないもの、早生か晩生か、実のとまり方がよいかどうか、株の根張りはどうか、などなど気の遠くなるような調査の項目があるのです。

それにもう一つとても大事な項目に、いろいろなパラサイトに対する抵抗性の強さを調べる仕事があります。たまたま見せてもらったときにはうどんこ病の発生最盛期で、遠くからざっと見ただけでも、通路に向けてぶら下がっている果実が一株分みんな真っ白になっている株がかなり目につきました。こういう株は極端にうどんこ病のもとをなすパラサイトに弱い株で、とても新品種にはならないでしょう。

宝交早生の寿命を縮めた病気

イチゴには全部で三〇種類もの病気がありますが、この中で栽培上非常に障害になる病気が四種類あります。その筆頭は先にあげたうどんこ病で、あとの三つは炭疽病（たんそびょう）、萎黄病（いおうびょう）それに灰色かび病です。この四つの中で品種によって抵抗性の差が非常にはっきりしているのがうどんこ病と炭疽病、萎黄病の三種です。うどんこ病というのは読んで字のごとく、イチゴの葉や果実、花などがうどん粉（小麦粉）を振り掛けたようになる病気で、これにとりつかれた果実は出荷できなくなりますからやっかいです。炭疽病というのは、ニューヨークのテロ事件のときに、何回もニュースに登場しましたので嫌な名前ですが、あれとはまったく関

うどんこ病にかかったイチゴの果実

係はありません。あちらはバクテリアこちらは糸状菌、カビです。このイチゴ炭疽病はイチゴのいちばん大事な株のところがおかされ、全体が枯れてしまいますので被害甚大です。萎黄病は菌が根や茎の導管の中に入り込み、はじめは葉を黄色く発育不良にするくらいですが、しまいには枯らしてしまいます。この三種の病気にまつわるこんな話があります。

かつて「宝交早生」という一世を風靡（ふうび）した名品種がありましたが、この「宝交早生」はうどんこ病と炭疽病には非常に強い品種でした。この品種は一〇年以上もの間、日本のイチゴを代表する品種であり続けましたから、この期間にイチゴを作っていた人たちはうどんこ病や炭疽病の怖さは知らずに過ごしたほどでした。ところが品種というものにはどうしても寿命があります。「宝交早生」も万能の品種ではなく、いくつかの欠点もありました。いちばん大きな欠点は萎黄病に極端に弱かったということです。萎黄病はフザリウムという名のパラサイトが起こすものですが、このパラサイトは土の中に棲んでいて、根から植物の体に入って病気を起こします。茎の導管の中に菌糸が入りますので菌糸が入り込んだ側の小葉が小さくなり、株の成長がどんどん悪くなってついには枯れてしまうのが特徴です。土の中のパラサイトは長く残りますから、一度この病気が出た畑では強い土壌消毒をおこなわない限りイチゴを作れなくなってしまいます。

こんなことから「宝交早生」は急速に品種の人気が落ちていきました。結局萎黄病が「宝交早生」の寿命を縮めてしまったといえるでしょう。一方研究機関ではそういうことも見越して常に品種改良を続けていましたから、あるとき栃木県で「女峰」と名づけられたとても味のよい品種が作られました。この「女峰」は問題の萎黄病にも強かったので、たちまち「宝交早生」の地位を奪い大品種に育っていきました。

炭疽病に弱い女峰

ところが好事魔多しということでしょうか、静岡県の伊豆韮山方面で盛んにおこなわれていた電照栽培で最初に「女峰」を脅かす問題が起きました。ハウスの中でもう一杯に実をつけているイチゴがどんどん枯れるというのです。試験場の担当者が調べてみると「宝交早生」の時代には誰も見たこともなかった炭疽病という新顔の病気だったのです。炭疽病菌というパラサイトは日本でも外国でもあることは知られていたのですが、そんなに大発生をしたことはありませんでした。ところがよくよく調べてみると「女峰」はこの炭疽病菌に特別弱い性質だったということがわかってきたのです。それからというもの炭疽病を防ぐにはどうすればよいか研究が進められ、苗の時代から注意深く手段を講じてようやく安定的な栽培技術が確立されたのです。しかし「女峰」の生みの親、栃木県農試栃木分場では「女峰」のこの欠点を補い、しかも味も品質ももっとよい品種を作ることを目標にして努力を続け、ついに「女峰」の後継ぎ「とちおとめ」を生み出しました。そして「とちおとめ」はいまや完全に「女峰」をしのいでしまったのです。

芝生の隅の実験

今年こんなことがありました。

私は野菜の病気の本を出版するために現在執筆中なのですが、イチゴの病気のところではたと行き詰まってしまいました。大事な病気である萎黄病と炭疽病のよい写真がないのです。萎黄病は新しく撮りたくてもこれに弱い「宝交早生」がどこにも作られていませんから、広いイチゴ畑を探しまわってもどこにも見つけることができません。その上炭疽病も「女峰」

が少なくなった上に農家の防ぎ方も上手になって、どこのハウスを訪ねても典型的な症状のものが見つかりません。これでは炭疽病や萎黄病というのはこういう症状ですと説明することができません。そうなると病気の本としては失格です。今後、品種が変わっていって、いつこれらの病気に弱い品種が作られるようになるかわからないからです。考えあぐねた末に思いついたのが、いまならまだ間に合うから自分で病気の株を作ることにしようということでした。しかし困ったことに両方の病気とも伝染力の強い病気です。近くにイチゴ畑のあるところでやったら大変なことになります。規模は小さくてもいま問題になっているバイオテロになってしまいます。それもまったく別物だとはいえ名前だけは同じ「炭疽病」です。

灰色かび病にかかったイチゴ

　そこでいちばん安全な方法として考えついたのが、街の中にある自宅の庭でやろう、そうすればまわりは塀に囲まれ、開いているところはアスファルトの道路だけだから菌が逃げる心配はないということでした。三〇坪ほどある芝生の端の方を畳一枚半分くらい耕して十分肥料をやり、真ん中を一段高くしてこれで準備完了です。群馬県の園芸試験場にいる知人に頼んで炭疽病に弱い「女峰」の苗を二株、萎黄病に弱い「宝交早生」の苗を二株もらってきました。それに最近できて利根地方で作られはじめたという「とねほっぺ」という品種を一株、これはまだ両方の病気に対する抵抗性が十分わかっていないということなので、それなら苗をいただくお礼にいっしょに抵抗性を見てあげましょうということにして、五月の連休にささやかなイチゴ畑の植え込みをしました。

さて、六月、七月と暑くなるにつれてイチゴの苗はどんどん育ちました。そしてはじめに少しついていた花や果実は、食べたいのを我慢して全部除いてしまったので、株が大きくなるにしたがってどの株からも次々とランナーが伸びてきました。八月に入ると耕したところだけでは足りなくなってランナーが芝生の中までぐんぐん伸びてきます。イチゴはオランダイチゴというのがもともとの名前ですが、日本ではヘビイチゴと言われている野生植物にごく近いものですから、ランナーが伸びる時期にはこんな姿になるのも当たり前です。さあこれだけ伸びてくれたらあとは接種です。頃合いよしと見て八月のお盆過ぎ、夕方から雨になりそうなのを見越してかねて培養しておいた二種類のパラサイトを接種することにしました。ビーカー二本ずつに、フスマ培地に培養しておいたものを全部かき出して混ぜ合わせ、ばらばらにしたものを頭から振りかけて接種しました。それから一カ月、九月半ばになると「女峰」の葉や匍匐枝に炭疽病特有の黒い斑点がどんどん出てきました。一〇月中には炭疽病については期待どおりのよい写真を撮ることができました。おもしろいことに「宝交早生」のランナーにはこの症状がまったく出てきません。予想どおりとは言えこの結果には驚きました。あんなに自然状態では考えられないほど大量のパラサイトを接種しておいたのにびくともしないのです。「とねほっぺ」はわずかですが病徴が出ていました。「女峰」の血が入っているので少し弱いのでしょう、しかし「女峰」に比べればずっと強いことははっきりしています。試験場の人たちにはお礼によい情報を提供できそうです。

一方萎黄病の方はどうだったでしょうか。萎黄病のパラサイトはいったん土に入った後に根の先端の組織から侵入し、導管の中を伸びてから症状を出すので時間がかかるのです。それでも一〇月半ばになるとはっきりと病徴が出てきました。それも「宝交早生」だけに出ています。「女峰」にも「とねほっぺ」にもまったく出てきません。これも予想どおりではありますがあまりにも品種による差がはっきり現れたので驚いてしまいました。

萎黄病の症状はこれから冬を越して来年の春、花が咲くころまでにさらにはっきりしてくるはずですから、込み合っていたランナーを、別のところの芝を剥いで移植するつもりです。どうやら今年、来年の我が家の芝生は、隣の人が見てもひどい芝生になりそうです。

大粒イチゴとウイルスの秘密

最後になってしまいましたが、イチゴのパラサイトとして特異な性質を持つウイルスについてお話しておきましょう。しかしこちらは品種とはあまり関係はありません。イチゴには世界的に知られているウイルスが八種類ほどありますが、その中で特に問題なのがアブラムシ伝染性の四種類のウイルスです。イチゴは新しい品種を作るときにだけは最初に種子を播きますから、そのときだけはウイルスにかかっていないきれいな体になります。しかし長年にわたる選抜をくぐりぬけて、いよいよ新品種となって世に出るころには、実生のときから何年もたっていますから、その間にアブラムシがウイルスを運んできて伝染させてしまいます。ですから、昔は世界中のイチゴがどの株もどの株もみなイチゴウイルスにかかっていたのです。でもこのウイルスはかかっていても枯れてしまうほどひどくはありませんから、人々はイチゴとはこんなものだと思って不思議がらずに作っていたのです。

ところが、日本では戦後一〇年ほどたったころ、イチゴからウイルスを追い出してウイルスフリーの苗を作る方法が編み出されました。そしてこれをアブラムシの来ない網室の中で作ってみると、その果実はいままでのイチゴの二倍もあるほど大きくなり実のなり方もぐんとよくなることがわかりました。同じ品種を同じ手間をかけて作るのに、片方は二倍も取れてしかも取れる実の性質もよいのですから誰でもそちらを作りたくなります。各県とも競って研究し、試験場や普及所、農協などが共同してシステムを作り、いまでは日本中のイチゴ作り農家が、希望すれば十分な量のウイルスフリー苗が供給されるようになってきました。これは大勢の人が協力して作り上げた、日本の農業研究のすぐれた成果の一つです。

誤解が生んだカイワレダイコンの悲劇

どこにでもいる大腸菌

一九九六年は腸管出血性大腸菌O-157、そのころは病原性大腸菌と呼ばれていました、による患者が全国各地で発生した嫌な年でした。そのうち大阪府堺市で発生した例では、学校で出された給食が原因で何百人もの生徒たちが発病するという大事故で、何人もの生徒が命を落とした悲しい出来事でしたから、それこそ日本中が大騒ぎになりました。そして、国や県、市の行政機関や研究機関、警察、病院などいろいろなところで原因究明がおこなわれました。その結果いちばん疑いを持たれたのがカイワレダイコンでした。

その当時、カイワレダイコンは大人気の食材で、大きなハウスで養液栽培されていたのですが、土を使わない栽培ですから絶対の清浄野菜だといわれて、人々は安心して生で食べていました。しかしそのカイワレダイコンにも思わぬ落とし穴がありました。

昔はダイコンの種子は、たくあんや大根おろし、ふろふき大根のような野菜としての大根用の種子しか使われませんでしたが、カイワレダイコンが大量に出回るようになってから、それに使われる種子は大変な量になりました。うそのような話ですが、ある大手の種苗会社では、カイワレダイコン用種子の輸入のために特別の飛行機を仕立てたという話があるほどです。そうなると種子の生産販売をする国ではどうしても扱いが粗略になります。たぶんそのためにあってはならない汚染が発生したのではないか、後になっては正確に証明することはできないのですが、そんな推定がおこなわれました。

ところでこの腸管出血性大腸菌というのはどんなものでしょうか。変わった名前がついていますが大腸菌であることには変わりありません。

大腸菌といえば誰でも知っている人間をはじめとする動物のパラサイトです。私たちの腸の中にはそれこそ何百万、何千万という数の大腸菌が棲んでいます。それは大腸菌が私たちの腸の中の環境が大好きで、そこでいつも大量に生活しているからです。そして彼らはわれわれの大便といっしょに排出されますから、非衛生な水の中や、生水の中にもうようよ棲んでいることになるのです。

それと同じように大腸菌は家畜の腸の中にも棲んでいます。特に牛の腸の中には、かなりの頻度で大腸菌O-157が棲んでいるといわれています。ただし人間の腸の中に入って増殖すれば、腸管出血を引き起こし、ひどい時には人が死ぬことがありますが、牛にはなにも害を及ぼさないのです。ですから牛はこの菌がおなかの中にいても平気の平左で元気に生活しているわけです。しかし困ったことにこういう牛の糞便の中には恐ろしいO-157が生きたまま排出されていますから、もしこういう牛がカイワレダイコンの種子を取る畑に近いところに棲んでいればどうなるでしょう。当然種子が汚染されることになります。

残念なことに、事件の時にはこれと同じことが起こったに違いありません。

カイワレダイコンとO-157の教訓

O-157は牛の体、特に腸の中は大好きでそこで繁殖していますが、それでは、彼らはカイワレダイコンの上で繁殖するでしょうか。そこが大きな問題です。悲しい事故があった後、農水省の野菜茶業試験場というところで、我孫子和雄さんや窪田昌春さんが担当して精密な実験が繰り返されましたが、その結論はカイワレダイコンの中では繁殖しないというものでした。

これはいままでの経験からも当然そのように考えられたのですが、大事故が起こった以上詳しい実験によって証明しなければ安心できませんから、みなこの実験の結果を固唾を飲んで見守っていました。そして、誰もが「ああよかった」と胸をなで下ろしたのです。

もしもカイワレダイコンの上で繁殖まですることになったら大変です。全国で何百という農家や事業者がカイワレダイコンを作っていましたし、それを家庭まで届ける流通業者もたくさんいます。その人たちの仕事がそれこそ立ちゆかなくなってしまいます。そればかりではありません、カイワレダイコンを日常食べていた人たちにとっても、またそれをお寿司の材料にしたりお弁当のおかずにしたりしていた事業者もいましたから、その人たちにとっても困ったことになります。そんなことにならずに本当によかったと思います。

しかし、よく考えてみると、この騒動はO-157と名づけられたパラサイトの本当の性質を無視して騒ぎすぎたのではないでしょうか。

きっとO-157という大腸菌は、この騒動をみてこんなふうに言っているでしょう。

僕たちはただ普通に生活していただけなのに、いつの間にか大変な悪党扱いを受けてしまったな。それというのも仲間の何匹かが埃に乗ってダイコン畑へ行き、種子といっしょに日本まで行ってしまったのが悪かったんだ。これからはしばらく居心地のよい牛の腸の中でじっと暮らすことにしよう。それにしてもカイワレダイコンの上で僕たちが増えたりするはずがないよ、僕たちはもともと動物性のパラサイトで、植物の上なんかちょっと休んでいただけなんだから、日本の人たちはもっと冷静になってもらわないといけないな。

日本のスイカの危機

スイカのつる割病

昭和四九年ですから約三〇年前のことです。

茨城、千葉、神奈川や愛知、奈良、鳥取、熊本など、全国でも指折りのスイカの大産地で、スイカの苗が次々と枯れるおかしな現象がいっせいに起こりました。農家の人たちは今年もいいスイカを作って東京や大阪の大市場へ出し、高い値で売りたいと、暖房を効かせたハウスの中で苗作りに励んでいました。その大切な苗がバタバタと倒れはじめたのですから大事件です。

スイカにはずっと昔からつる割病菌というパラサイトがつきまとっていました。このパラサイトは土の中で一〇年近くも生き続けて、スイカの根が伸びてくると根の先の方から入り込み、スイカの茎の中で増えるのです。それも導管といって、スイカが根から水や養分を吸い上げ、それを上の方の葉や果実に運ぶ水路のような管の中が大好きで、その中だけで大増殖します。

導管は植物の細胞としては非常に大きく、それも管のように長く、中には栄養分に富んだ液体が充満しているのですから、パラサイトにとってはこたえられないようなよいところです。何年も何年も暗い土の中でじっとその機をうかがっていた彼らにとっては、天国のようなところでしょう。はじめは根の先の根端細胞という柔らかいところを見つけてやっとの思いで入り込むのですが、導管細胞に菌糸がたどりつけばしめたもの、ところどころに壁はあるものの、二メートルも三メートルもどこまでもつながっているのですから。

スイカ

導管の中に入ったパラサイトはどんどん菌糸を伸ばし、ところどころで胞子を作ります。そして胞子はころころと転がり、壁のところで引っかかるとそこで発芽しさらに増えていきます。そんなふうに根や茎の導管の中でパラサイトが増えると、導管は目詰まりを起こし水や養分の流れが止まってしまいます。これはスイカにとっては大事件で、たちまちつるの先の方からしおれてきます。こうなるともう完全に病気です。果実は大きいものでも赤ん坊の頭くらいにしかなっていなくて、まだまだこれから育つというときです。

スイカの救世主

こんなことが何十年も続きましたので、これではとても産業として成り立たないと、昔からの産地ほど困り果てました。そして、対策として編み出されたのが接ぎ木栽培です。農家個人個人ではどうにもなりませんでしたが、試験場と種苗(しゅびょう)屋さんが協力して、いろいろ試験したり工夫したりした結果、いま考えても感心するようなうまい方法が考え出されました。つまり、瓜にはいろいろな瓜がある、同じ瓜なら接ぎ木もできるだろう、もしスイカの下に違う瓜を接ぎ木したらどうなるだろう。下になる瓜にこのパラサイトがつかない瓜を使えば病気が防げるのではないか、というわけです。これはよい考えでした。早速試験場で試してみると、スイカつる割病菌はカボチャやトウガン、ユウガオなどにはまったくつかないことがわかりました。これでしめたと思ったことでしょう。あとはこれらにスイカを接いでパラサイトがたくさん棲みついている畑に植えてみればよいのです。病気が出ないことと、うまいスイカができることの両方が満足される瓜を選べば、きっとうまくいくはずです。

こう書くと事は簡単に運んだかに思われますが、決してそうではありません。たとえばスイカがよく育ったのはカボチャとユウガオに接ぎ木した場合です。どちらかというと、カボチャの方がスイカの育ちはいいくらいでした。しかもつる割病はまったく出ません。それならカボチャがいいだろうというので一度はカボチャの台木が普及しそうになりました。

ところが、思わぬところに伏兵が待っていました。カボチャでは上のスイカが元気よく育ちすぎるのです。そして実ったスイカが馬鹿に大きすぎたり、切ってみると果肉に鬆（す）が入っていたり、人によってはスイカがカボチャ臭くなったなどとけちをつける人まで出る始末でした。そんなこんなで最後に落ち着いたのがユウガオでした。ユウガオなら病気は出ないし、スイカの育ちも正常で、これならよいということになったのです。何十本も何百本も一本ずつ接ぎ木をするなんて手が掛かって大変だろうと思われるでしょうが、そこは世界一器用な国民といわれる日本人のこと、たちまちどの農家も工夫して接ぎ木苗づくりに習熟してしまいました。

ユウガオというとあまり瓜らしくない名前で、人によっては夕方に花の咲くあの通称夕顔（正式にはヒルガオ科ヨルガオ）と間違われるかもしれません。むしろかんぴょうの取れる瓜といった方がわかりやすいでしょう。栃木県が有名な産地ですが、そこではかんぴょうを取るためにユウガオをたくさん作っています。かんぴょうを作るにはユウガオの実がまだ熟し切らないうちに収穫し、種子と皮の間の柔らかい果肉のところを特殊な道具でうすく長いひも状に削り取り、これを乾かしてかんぴょうにします。かんぴょうはいまでも甘辛く煮付けて海苔巻きの芯に入れたり、いなり寿司に巻いたりして重宝されているものです。そのかんぴょうを取る植物がユウガオです。

ユウガオはスイカにつる割病を起こすパラサイトにはめっぽう強く、強制的につけてやっても病気になりません。ですからこれを台木にして上にスイカを接いで、畑の中に入るのはユウガオの根、上に伸びるのはスイカのつるということにしてしまえば、パラサイトがいくらやってきても大丈夫です。根から入ろうとしても受けつけないし、たとえ少しくらい入っても導管の中で繁殖することはできないので病気にはなりません。

ユウガオ

こんなうまい方法はいったい誰が発明したのでしょう。もし最初に考えついた人が特許を取っていれば大変な特許料が入ったでしょうが、昔の人、特に農業を対象にした品種や技術を作った人は誰も特許なんか得ようとはしなかったのです。まだまだ世の中がのびのびとしていたというわけです。

スイカ苗にふたたび危機せまる

さてそんな具合に接ぎ木をしていれば病気にはかからないはずだったスイカ苗が、昭和四九年のこの年にはバタバタ倒れたのですから、みんなびっくりしたわけです。どこの県でも試験場には病理の研究者がいますから、その人たちが早速病気の苗を詳しく調べてみました。病気にかかった苗の根や茎のところから、なにか特別なパラサイトが見つからないかと菌の分離をしてみたわけです。その結果、どこの県でも例外なく、スイカのつる割病菌と非常によく似たパラサイトが分離されるということがわかってきました。

私はちょうどそのころ、三重県の津市にあった農林水産省の野菜試験場で、病理の研究室長をしていました。この試験場はまだできてから二年もたたない新しい試験場でした。それより前一〇年ぐらいの間は野菜の値段が乱高下し、物価を不安定にする元凶は野菜だと非難されていたのです。そして、国の研究所がたくさんあるのに、国民生活にとって非常に重要な野菜の研究を専門にする試験場がないとは何事か、という声が国会などで高まっていました。そのために急遽、それまであったコメ、ムギなどの研究をする試験場を一つつぶしてその後に新設されたのが野菜試験場でした。

そういう事情でできた試験場でしたから、突発したこの事件をなんとか短期間のうちに解決し、試験場を新設してよかったといわれるようにしたいと強く思いました。そこで、これはまず全国で起きている状況を正確にしかも速やかにつかむことが先決だと思い、それには毎日現場で対策に忙殺されているスイカ栽培県の研究者たちを糾合しよう、そして各県の状況を報告し合い、対策についても手分けして計画的な研究をし、少なくとも来年か再来年のスイカ作付け期までには有効な対策を取れるようにしようと思いました。

若手も古株もみな真剣な面持ちで続々と集まってくれました。そして、情報を出し合ってみると、驚いたことにこれだけでもう十分といえるほどの正確な情報が集まりました。

台木のユウガオが萎凋病にかかって倒れたスイカの苗

どんな結論になったかというと、この接ぎ木苗の枯れる現象の真の原因は、いままでこの世に存在することも知られていなかったまったく新しいパラサイトが原因だということがまずわかりました。

そのパラサイトは、分類学的には従来か

らあったスイカのつる割病菌と非常に近いのですが、ただ病原性がまったく違うものでした。どう違うかというと、以前からあったスイカの菌はスイカは枯らすけれどもユウガオにはつくこともできなかった。ところが今度はじめて出現した菌は顔は、同じような顔をしているのに中身はまったく別物で、スイカよりユウガオが大好きで、ユウガオには根の先端から入り、導管を侵してユウガオを倒してしまうものでした。このパラサイトにかかったユウガオは、葉脈が黄色になり、そのうちにしおれて枯れてしまうという非常に激しい症状を示しました。それからみんなで持ち寄ったデータから、この菌はユウガオの種子について流通し、種子を播いたときに発病するのだということがはっきりしてきました。いままでスイカの病気を防ぐために使っていたユウガオが病気になってしまうのですからどうにもなりません。

特定のユウガオ種子に異常あり

そこまでわかりましたから対策の方向はだいたい見えてきました。来年の作付けにはこの菌がついていないユウガオの種子を使えばよいのです。その上みんなの情報を整理してみると、どうやら、今年の事件も、全国のスイカがべた一面にやられたのではなく、特定の生産地で作られた種子が特定の種苗業者を通じて出回り、その種子で作られた苗だけが問題を起こしているのだということがおぼろげながらわかってきました。そのほかのユウガオは大丈夫だったのです。こうなれば取るべき対策ももっとはっきりしてきました。さしあたり来年の栽培にはこの筋の種子を使わなければよいわけです。

研究者の間だけではほぼこんな結論になったのですが、そこで一つ大変困ったことが持ち上がりました。この結論はたぶん間違いないと思われたのですが、犯人逮捕に向かう警察官でもよほどしっかりした証拠がなければ捕まえられないのと同様、この結論を実行に移すとなると、これは慎重に行動しなければなりません。

第一、今年売れるはずだったスイカの代金まで損害補償を求められるというようなことになれば種苗会社の一つや二つつぶれてしまいます。しかもそのときの証拠があやふやで、いろいろなところでおこなった試験の結果を持ち寄った推定の含まれた結論というようなことでは、とてもそんな危ない橋は渡れません。種子を生産した者も、それを売った側も、そんなパラサイトが秘かに増殖し、種子にまでついて大暴れをするなんて、結果を見るまでは誰にもわからなかったのです。知っていてだまして儲けたのなら大いに責められますが、そうではなかったのです。結局そこのところには研究側はあまり踏み込まないことにしよう、ただし来年のためにその情報を十分に流し、生産者にも種苗業者にも注意を促すことにしようという結論になりました。

この集まりで得られた結論でもう一つ非常に大事だったのは、このパラサイトが、すでに全国のユウガオ産地に広がってしまったのかどうかということでした。それをはっきりさせるためには、この菌が寄生したユウガオの病徴を、全国の研究者や技術者、ユウガオ栽培者、種苗業者に周知徹底させる必要があります。それができればみんなで力を合わせて、ユウガオの産地を点検し、同じ病気があるかどうかを検査し、もしあれば発生地からは種子を取らないようにすることができます。その対策はすぐ実行されました。

それからもう一つ研究上で大事なことは、パラサイトがついた種子、すなわち病原菌がついた危険な種子はどんなメカニズムでできるのかということと、対策を万全にするために、危険な種子も、そのおそれのある種子も、安全になるように消毒する方法はないかということでした。この二つは将来のために非常に大事なことですが、かなりやっかいで、少し時間がかかります。しかも研究するならこれにかかりっきりになれるところで研究しなければなりません。そこ

つる割病にかかったユウガオの苗

でこの問題だけは、国の試験場である私たちの試験場、できたばかりの野菜試験場で引き受けようということになりました。

種子伝染のメカニズムを探る

それからというもの、種子伝染のメカニズムは私の病理研究室で、種子消毒は採種研究室で分担することになり、試験場自身まだできたばかりで問題山積でしたが、みんなで一生懸命取り組みました。病理の研究室には私のほかに三人の研究室員がいましたが、この問題は国安克人君が専門に分担することになり、また種子消毒の方は採種研究室で、現在は場長になっていますが当時はまだ若かった中村　浩君が取り組みました。二人ともまだ若い研究者でしたから、大事な問題を任されて、それこそ生き生きと情熱に燃えて張り切って研究しました。

種子伝染のメカニズムを探るとなると、なにはさておき病気にかかっていても立派なたねの入る果実が実る、そういうユウガオを作らなければなりません。これが難物でした。あまり強く病気にかかれば小さな苗のうちにバタバタ倒れてしまうことは、はっきりしています。そうかといってぐんぐん育っている株に弱い接種をしても、今度は果たしてパラサイトの方が種子まで達するほど増殖するかどうかわかりません。いろいろ失敗を重ね試行錯誤を重ねた末に、パラサイトは確かに入っているけれどもまあまあ正常に育つという状態のものができました。パラサイトの有無はときどき分離してみて確かめました。

毎日のように国安君と二人で、ユウガオを植えた畑へ出て、ああでもないこうでもないと議論しながら研究を進めた日々が昨日のことのように思い出されます。

その年のうちに確かにパラサイトがついている株の実が何個も収穫できそうになりました。しかし、秋になってもすぐに切り取って室内に持ち帰ることはできません。実際のユウガオ栽培者がやるのと同じ方法で種子を取らなければならないのです。どんなふうにするかというと、秋になって、もう葉やつるが枯れてきても果実はそのまま放っておくのです。そうするとユウガオの果実は外側が堅くなって汚い色になりますが、雨が降ってもびくともせず、そのうちにつるのついていた軸のところからだんだん中身が腐り、ときどき振ってみると中からぽしゃぽしゃと水の入っているような音がしはじめます。これを採種農家ではファーメンテーションというそうですが、要するに発酵のことです。これが十分に進んだところで切り取り、軸の部分を下に逆さにしてバケツの中にあけると、熟した種子が臭くなった茶色い液といっしょにごろごろ出てきます。農家ではこの種子を集めてよく水洗いし、乾燥して売り物の種子にするわけです。私たちもこれと同じ方法で、本当にパラサイトのついた種子が取れるかどうか試験してみたわけです。この間に、もちろん何個かは途中で割って、パラサイトの菌糸がどんな伸び方をするか詳しく調べました。

こうして集中して研究してみるといままで見えていなかったことがいろいろわかってきました。第一にパラサイトの菌糸は根や茎の導管の中だけでなく果実の導管の中にまで入り込み、最後は種子の中にまで入り込むことがわかってきたのです。こうなると種子伝染のいちばんの元凶はここにありそうです。

それだけではありません。菌糸は果肉の中にも縦横に伸び、これが果肉を腐らせるファーメンテーションの間に大増殖し、一つ一つの種子の表面にしっかりと付着することもわかりました。

パラサイトの増殖と種子の熟するのがうまくタイミングがあったときには、それこそ罹病率一〇〇パーセントの種子ができることが明らかになったのです。これではとてもたまりません。パラサイトが種子を通じてこれほど高率に次代に移る例を私は知りません。これは固い果皮の中に種子があることと、発芽率のよい熟した種子を取るためには長い時間発酵させるというユウガオの特徴と、導管を通って種子まで達することができるパラサイトの性質とがぴったり合った結果でした。パラサイトにとってこんな理想的な関係はほかにはないでしょう。

こんな実験をおこなっている間に月日は瞬く間に過ぎ、私は本省に転勤を命ぜられてしまいました。しかし、研究は国安さんがしっかり続けてくれましたので、なんの心配もありませんでした。そして種子伝染のメカニズムは余すところなく明らかにされました。パラサイトたちの首根っこを押さえる戦略がしっかり描けることになったのです。

絶妙な熱消毒法

さて、もう一方の種子消毒の方はどうなったでしょうか。この研究でパラサイトは種子の表面だけではなく中にまで入り込んでいることがわかりました。こうなると外側だけを薬品で消毒してもとても殺せません。それではどうするか、中村さんたちは熱消毒に焦点を絞りました。熱消毒といっても熱い湯でやるか熱い空気を使うか方法はいろいろあります。パラサイトを殺すだけなら熱湯につければよいのですが、これでは種子がもちません。発芽しない死(し)に種(だね)になってしまいます。ですからなんとかして種子の発芽力を落とさずにパラサイトだけを殺さなければなりません。

ずいぶん苦労したのでしょう。

しかし、それをやり抜いて、実にいい結果を出してくれました。熱い空気、それも摂氏七五度という綱渡りのような高温で七日間処理する方法でした。これなら種子の発芽も大丈夫、パラサイトは一〇〇パーセント殺せることがわかったのです。

しかし、中村さんたちの仕事はこれで終わったわけではありませんでした。この条件で何万粒という種子を処理できるような機械の開発までやらなければ実際には役立ちません。しかし結局、種苗会社の人たちや機械メーカーの人たちと協力して、立派にそれをやり遂げてくれました。この機械とこの方法は多くの種苗会社でいまでも営々と安全な種子を供給するために働き続けています。かくして一時窮地に陥った日本のスイカ作りが危機を乗り切り、いまでも毎年おいしいスイカをみなさんに提供し続けているのです。

スイカ

土の中の微生物たち

土の中には無数の小動物や微生物が棲んでいるということはよく知られています。しかしその中に、植物を宿主とするパラサイトが、地上部と同じようにこれまた無数にいるということはあまり知られていません。ここではそのことを中心に述べてみようと思います。

植物は地上部に幹や枝を伸ばし、それに大量の葉をつけ、季節になれば花をつけ実をならせますが、それと同じくらいにたくさんの根を地中深く伸ばしています。

街にはいろいろの種類の街路樹が植えられ、夏には緑を、秋には美しい紅葉を見せてくれていますが、この街路樹のある道路の歩道が、ときどき大きく盛り上がったり、ときには盛り上がった舗装が長くひび割れたりしていることに気がつきます。歩きにくくなるので、市役所では、毎年街のどこかでその歩道の修理をしているほどです。歩道のアスファルトを持ち上げる犯人は誰でしょうか。それは紛れもなく街路樹の根です。筋状になった盛り上がりをたどってゆくと必ず樹木の根元に達し、その上、根元からはほかに何本もそんな筋が出ているはずです。樹木の根はアスファルトくらいは簡単に持ち上げ、ひび割れを作る力を持っています。それどころか地中深く入る直根は固い岩盤をつきとおすほどの力を持っています。しかし、その根も、太いのから細いのへ次々と枝分れして、いちばん先端の根は根毛といって、毛ほどの細さになります。樹の種類によっては、毛ほど細くはなりませんが、毛よりもよほど細いものもあるほどです。土の中のパラサイトたちといちばん関係の深いのが実はこの根毛なのです。

トマトの根につくパラサイト

土の中を棲みかとするパラサイトの代表的な例として、樹木ではありませんがトマトの根につくパラサイトの話をしてみます。

トマトは南米大陸原産の植物ですが、人間が作物として作るようになってから長い長い年月がたちますから、その間に世界中の国々で改良に改良が重ねられ、いまでは原種とは似ても似つかないほど大きなおいしい果実をつけるものに改良されています。そのかわり栽培されているものは、野生植物とは比べものにならないくらいの、いわゆる「温室育ち」の弱々しいものに変わっています。それがいちばんよく現れているのがパラサイトにやられやすくなっているというところです。

普通のトマトの種を畑に播きますと、五月の連休を過ぎたころであれば、四、五日もすれば芽が出てきます。はじめは爪楊枝より少し細いくらいの茎の先に、五ミリくらいの長さの細長い葉が二枚ついたものが生えてきます。少し厚めに播いてあとで間引いていくわけですが、まずこのころに第一回の危機が訪れます。土の中にはいろいろな微生物がわんさといるのですが、もしこのトマトを播いた畑の土に、リゾクトニアというパラサイトが棲んでいれば、これはよい餌がきたぞ、冬の間食べるものがなくて困っていたから、ここで早速ご馳走になろう、ということで食べにきます。

このリゾクトニアは根毛から入るなどという悠長なことはしないで、まだ出たばかりで弱々しい茎に直接攻撃を仕掛けてきます。好調に芽が出たから二、三日したら間引きをしようと思っていたのに、ある朝行ってみたら何本もの苗が固まって倒れていたというようなことがあります。見れば倒れた苗はみな地際のところが細くなって、上の方がしおれています。

トマト

これはそのリゾクトニアというパラサイトにやられた子苗立ち枯病という病気です。

枯れてしまったものは仕方がないので、そこにはあとから移植してやることにして、ほかのところを間引きして育てていきます。幸い病気はごく一部だけで、残ったものはすくすくと育ったとしましょう。五月も過ぎ六月に入ると温度もぐっと上がってきますから、南米原産で高温の好きなトマトはこのころからどんどん育ちます。そして支柱を立ててもらってたちまち花が咲き、実がつきます。一房に四個も五個も実がなって、それが一日一日大きくなりますから、この時期のトマト作りは楽しみです。そして嬉しいことに二段目にも三段目にも実がなりはじめます。

しかし、第二の危機はこのころにやってきます。六月末か七月はじめの、強くなりはじめた夏の陽がかっと照りつける日に、元気に育っていたトマトにいきなり異変が起きます。せっかく青い実が大きくなりはじめたのに、中の一本か二本が急にしおれてきます。はじめは夕方持ち直したので大丈夫かなと思ったのに、二、三日すると見るも無惨に枯れてしまうといった具合です。これは明らかに青枯病です。この病気のもとは青枯病菌というバクテリア性のパラサイトで、やはり土の中に棲んでいます。そして根毛や根の傷口などから侵入し病気を起こすのです。

これが出はじめると一本や二本では収まらず、何本も続けてやられることが多いのですが、

果実が太りはじめたころ青枯病にかかったトマト

幸い今回は二、三本で済んだとしましょう。

季節は進んで七月半ばを過ぎ、そろそろ梅雨も終わろうとするころ、今度は第三の危機がやってきます。いちばん早く実がなった一段目はもう赤くなって、一つ二つ初収穫をしたころ、今度は何株かが一度に、なんとなく木に勢いがなくなり、よく見ると下葉の方から黄色くなりはじめています。それも木の片側だけが余計ひどく黄色くなり、ひどい葉は枯れてきました。こんなふうになった株はいずれ全体が枯れるのですが、これも土の中のパラサイトが攻撃を仕掛けてきたもので、萎凋(いちょう)病という名前の病気です。この病気のパラサイトはフザリウムという名の菌で、土の中に棲んでいてトマトの根の根毛から侵入し、根の導管から茎の導管に入り、病気を起こすのです。

ここまでに三種類、トマトのパラサイトが引き起こす病気について述べましたが、実はトマトにはこのほかに、まだあと四種類もの土の中に棲むパラサイトがあるのです。こんなにたくさんのパラサイトがあっては、お百姓さんは病気との闘いが大変だなと思うでしょう。

確かに大変です。これを全部農薬で防ごうとすればお金もかかるし手間もかかるし、環境も悪くするのでとてもやり切れません。

そこでいろいろな対策が取られていますが、その中でいちばん有効な方法が、抵抗性のある品種を作ることです。それで相当な種類のパラサイトを防げます。

しかし、これでも不十分なときは、今度は野生種にかなり近いものでパラサイトには飛び切り強いものを使って、それを台木にして接ぎ木をおこなう方法がとられます。最近では家庭菜園でトマトを作ろうとすると、園芸店で病気にかかりにくいようにした苗を売っているので、一般の人は安心して育てていますが、実はその裏にはこんなにいろいろなパラサイトとの闘いが隠されているのです。

イネのばか苗病菌とジベレリン

次にもう一つだけ非常に特徴のあるパラサイトの話をしてみましょう。

それはイネのばか苗病というおかしな名前の病気のことです。これももとになるパラサイトは土の中に棲んでいるジベレラ・フジクロイという菌です。この菌はフザリウムという土の中に棲むパラサイトの代表的なものの仲間ですが、昔台湾が日本の領土だったころ、澤田兼吉さんという日本人の研究者がこの菌の完全時代を見つけて名前を付けました。「フジクロイ」というのは澤田さんといっしょに研究していた藤黒さんという人の名前にちなんでつけられたものなのです。

このパラサイトが寄生したイネはどんどん葉が伸びて、ほかのイネに比べて倍ほども草丈が高くなってしまいます。昔は水苗代（みずなわしろ）といって、水を張った水田の中で苗が二〇センチくらいになるまで育てていましたから、この病気が出ると外から見てもすぐわかりました。普通の苗はみな同じ高さなのにパラサイトが寄生してばか苗病になったイネだけがヒョロヒョロと伸びているからです。このパラサイトにたかられたイネには体の中まで菌糸がはびこっていて、田植えをして本田に植えられてからもますます徒長（とちょう）し、しまいには枯れてしまうのです。

やはり台湾でこの病気を研究していた黒沢英一さんは、イネがヒョロヒョロと徒長することに興味を持ち、その理由を探るために詳しく研究しました。そしてその研究の中でおもしろいことに気がつきました。パラサイトが寄生して菌糸が組織に入り込んだイネはみな徒長するのですが、それだけでなく、このパラサイトを培養しておいた液をろ化して菌を除き、これを吸わせるとやはりイネは徒長するのです。どうやら菌が分泌するある種の物質がイネを徒長させるのだということを突き止めたのです。

その後、この研究は東京大学の人たちに引き継がれ、そこで化学的な追求がおこなわれた結果、当時は未知だったある種の化学物質が見つけられ、これにジベレリンという名がつけられました。ジベレリンという物質はごく微量でもイネを徒長させ、それだけでなくイネ以外のいろいろな植物も徒長させることがわかったのです。

その後これにアメリカの化学会社が目をつけ、得意の合成技術で人工的に合成することに成功しました。そして現在では最も重要な合成植物ホルモンとして、世界中で活発に利用されていますし、この会社は特許料や生産物を売って莫大な利益をあげました。残念なことに当時特許のことにあまり熱心でなかった日本の人たちは、トンビに油揚げをさらわれてしまったのです。

ジベレリンと種なしブドウ

このジベレリンは、以上のように発見と研究のはじまりは日本だったのに、人工的な合成と工業化ではアメリカに先を越されてしまいました。しかし、それの利用の点ではふたたび日本で非常に特異的な発達をしたことで有名です。

日本で特異的に発達した利用法というのは、「種子なしブドウ」の生産です。「デラウェア」という品種のブドウがあります。昔アメリカから導入された品種ですが、甘くておいしいのに、唯一つの欠点は、小粒で種子がたくさん入っていることでした。外国の人はブドウの種子はそのまま飲み込んでしまう人が多いそうですが、日本人は潔癖なせいかいちいち種子を出して食べます。そうすると、せっかく甘い「デラウェア」が種子のまわりが酸っぱいために、酸っぱいブドウになってしまいます。ですから「デラウェア」が種子なしになればよいのになあと誰でもが思っていたものでした。

山梨県は全国でも有数なブドウの産地ですが、その山梨県の果樹試験場の人たちが、このジベレリンを利用することに目をつけ、何年もかかって種子なしブドウを作ることに成功したのです。ブドウの花が咲く前後に一回ずつジベレリンの薄い液に花房を漬けるだけで、外見的には元のものと遜色ない種子なしのブドウができたのです。

ですから今日では私たちは、季節になれば当たり前のように種子なしブドウを食べていますが、その元をたどればなんと、イネばか苗病菌の出すジベレリンのお陰をこうむっているわけです。土の中にいるパラサイトも思いもかけないところで私たちの生活と関係していたのです。

2部

植物の病気とパラサイト

ある庭園で起きた小事件

まずウメが枯れた

これはある老紳士が独りで三〇年あまり暮らしたお宅の庭園で、長い間に次々と起こった小事件の記録です。庭園の持ち主K老は昔長野で、大きな庭園のある邸宅に住んでいましたが、郷里である群馬に帰ることになり、前橋市に土地を求めて庭園のある家を建てました。移転のとき旧居で大切に育てていた草や樹木をたくさん移し植えましたが、中でもウメの老木と牡丹の大株はご自慢のものでした。移植の時期もよく、また土地も合っていたのでしょう、樹や草たちはみなよく根づき、翌年からそれぞれ前にも増してよい花をつけ老主人を喜ばせました。特に大事にしていたウメの老木と牡丹は、それから後も毎年よい花をつけて主人を楽しませておりました。そして一〇年ほどの間は平穏に過ぎていたのです。

ところが、引越してからほぼ一〇年後、一つの小さな事件が起きました。

ある年の春、古木のウメに元気がないのです。何本かの枝が花をつけたまま十分に開ききらず、いつのまにか数本の枝が枯れてしまいました。それでもその年はそれだけで済み、夏になると緑の葉も出て一応元気を回復したかに見えました。ところがそれはぬか喜びで、翌年の春になると事情はもっと悪くなってきました。去年の春と同じようにせっかくついた蕾が今年もまた咲かないのですが、悪いことに、去年は一部の枝だけだったのに今年は樹全体がそうなってしまいました。そして夏を待たずに全体が枯れてしまい、庭園の一隅が寂しい状態になってしまったのです。主人のK氏はいたく悲しみ、診断と相談のために私が呼び出されたのでした。

ウメの花

ウメを枯らせた正体は

ナイフとルーペといういつもの持ち物のほかに、このときはスコップを持っていきました。

これは前もって聞いていた事情から、地下部に問題ありとにらんだからでした。これだけ大きな樹が二年がかりで徐々に枯れたということは、葉や枝の方に問題があるのでなく、それを養う根に異常が起きたに違いないと考えたのです。それでも念のために地上部も綿密に調べてみましたが、やはり地上部には特別これといった病変はありません。根の様子を見るために、樹が大きいので穴もかなり大きく掘らなければと思って取り掛かりましたが、予想に反して根はまことにお粗末なものでした。樹を支えていたと思われるしっかりした根はたったの二本しかないのです。しかもその根になにやらぼろ状のものがびっしりとまといついていて、ナイフで削ってみると内部の方まで褐色に変色しています。これでよく去年の秋まで生きていたものだと思うようなありさまでした。

ここまで見た段階で、もう診断はできたも同然でした。根の表面にまといついたぼろ状のものをナイフで削り取り泥を洗い流してルーペで見ると、白紋羽病菌の菌糸層がびっしりとついていました。もう一本の根もまったく同様でした。これでは枯れるのが当たり前です。結局このウメは白紋羽病菌というパラサイトに取りつかれて、長い時間をかけて徐々に栄養分を吸い取られ、逆に自分が水や養分を吸うべき根を侵されて一本残らず枯らされてしまったのです。これでは大きな地上部ももつはずがありません。まだ蒸散が少ない蕾のうちは元気な姿をしていても、蒸散量も増えエネルギーも十分に必要な開花期になると、その補給が間に合わなくて花はしおれてしまうのです。枯れる前一、二年の現象はまさにこれだったのでしょう。

人間たちが菌を目ざめさせた

このパラサイトの名前は白紋羽病菌、普通は土の中でほそぼそと生きており、せいぜいそこらの草の根や雑木の根などを餌にしているのですが、人の手が加わってある条件が整うと一気に大増殖をして先のような事件を起こすことがあるのです。たとえば、山を開いて果樹園を造るというような人為的な自然改造がおこなわれるとき、よくこのパラサイトによる大事件が起きてきました。そういう事業はいままで雑木林や原野だったところを切り拓いておこなってきましたが、そんなところは大概地面が硬く表土が少ないものです。いくら深い穴を掘っても、中へ行けば行くほど岩ばかりです。これではとても果樹の苗など育ちませんから、土を中まで柔らかくするために、深い穴の底の方には大量の樹の枝や粗朶(そだ)類を入れ、その上に土を入れてやり、そこに苗を植える方法がとられました。

ところが、こんな条件は白紋羽病菌というパラサイトにとっては願ってもない好条件なのです。第一そういうところには、もともと彼らがほそぼそと暮らしていたはずです。そんなある日、突然大量のご馳走が目の前に盛りつけられたのです。それがすなわち穴の中の枝や粗朶類というわけです。パラサイトたちは暗い穴の中で、たぶん大宴会をはじめるに違いありません。枝や粗朶の上でどんどん繁殖をはじめます。そして十分繁殖し、そろそろ餌も少なくなるころ、今度は上の方から活きのよい大好きな果樹の若い根が伸びてくるのです。待ってましたとばかりに食いつくのが目に見えるようです。かくてせっかく伸びはじめた、あるいはもう果実を十分につけはじめたような樹が次々と、さきほどの庭園で死んだウメの老木のように、枯死していくことになるのです。

白紋羽病菌がはびこったナシの木の根

こういうパターンの被害が全国の果樹産地でこれまでにどれだけ起こったか数え切れないほどです。ですから白紋羽病菌というパラサイトはリンゴやブドウ、ナシなどの産地では、いまでも疫病神（やくびょうがみ）のように嫌われています。しかし、よく考えてみるとパラサイトたちにとってはたぶん迷惑な話で、彼らが山や原野で本来の生活をしているときには人との接点はほとんどなかったのに、人間の都合でパラサイトたちを異常に大増殖させるような条件を作ったのだということも言えるのです。

愛樹牡丹の行方

さて、あの庭園に戻りますと、枯死したウメの老木は仕方ないので丁寧に切り倒し、根株も掘り上げて焼却処分にしてしまいました。そしてそのあとには当分の間なにも植えないことにして、ムラサキハナナなどが生えるに任せておきました。それからあと、また一〇年近くは何事もなく過ぎていきました。K老はいつのまにか九〇歳を超えていましたが、若いときから弓で鍛えた体と精神はいつまでも矍鑠（かくしゃく）として若い者をしのぐ元気さでした。そしてもう一本の牡丹の大株は毎年三〇も四〇もの白い優雅な大花をつけ、それはそれは見事なものでした。

ところがある年の夏を境にK老の元気が急に衰え、とうとう翌年の二月末、ウメの老木が倒れたときのように静かに老衰の死を迎えてしまいました。九六歳でした。主のいなくなった庭園に、その年の初夏にも例の牡丹は、数えてみると四五もの美しい花をつけましたが、不思議なことに花の終わりごろ急に葉にも枝にも元気がなくなりました。旧主の遺品のようなものなのに困ったなと思いましたがとても手の施しようがなく、とうとう秋のはじめに全株が枯れてしまいました。まるで旧主のあとを追うような最後でした。

調べてみると原因はやはり白紋羽病によるものでした。

このときのパラサイトは果たして新しくした庭園の土に住みついていたものなのか、それとも旧居の庭園にいたものが移植のときについてきて徐々に増えたものなのか、とうとうわかりませんでしたが、それでもそれから約一五年、西から東まで二〇メートルばかりある庭のところどころに生えているマンリョウが、思い出したように一本また一本と枯れていきます。枯れたマンリョウを調べてみるとやはり例外なくあの白紋羽病菌がついていました。土の中ではパラサイトたちがゆっくりゆっくり広がっているようです。もっともマンリョウは野鳥が糞といっしょに種子を落とすので、枯れてもまた生えてきます。

牡丹の花

白紋羽病菌は糸状菌の一種ですから、その身体は一本一本の細い菌糸からできています。顕微鏡で見てやっと見えるほどの弱々しいものですが、それが長い間に大きな樹を枯らすほどの力を発揮します。この菌にやられて枯れてしまった樹の根を見ると、大きな根が何本も黒くなって枯れています。そして、そういう根は例外なく大事な細い根が全部枯れてしまって、丸坊主になっています。枯れた根のまわりにはねずみ色になった菌糸がびっしりとまといついていて、根を削ってみると組織の中にまで白い菌糸がちょうど霜降り肉のように入っているのが見られます。

これを見れば、一年や二年でこうなったのではなく、何年も、ときには一〇年以上もかかって枯れたことがわかります。白紋羽病菌というパラサイトはこんなふうに、はじめは目に見えないほどの小さな一本の菌糸が、樹の根の一部に取りついて、少しずつ少しずつ伸び、根の中に侵入して、ついには大きな樹も枯らすそんなパラサイトです。

ＭＬＯ発見物語

桑畑の異変

いまから何十年もいや一〇〇年以上も前のことです。

そのころは、日本中にたくさんの桑が作られていました。蚕を飼って繭を取り絹織物を作るためです。桑には背が低く葉も小さいものや背が高く葉が大きいものなど、いろいろの品種がありました。蚕を飼う農家では、そういう桑をそれはそれは大切にしていました。秋も遅く、もう寒い風がびゅうびゅう吹いて枯れ葉をみんな吹き飛ばしてしまったころ、農家の人は家中総出で、腰に、よくたたいて柔らかくした藁をはさみ、桑畑へ出ます。なにをするのかというと、一人一人が別々の畝に入り、一株ごとに全部の枝をひとまとめにし、腰から抜いた一掴みの藁で枝の上の方を結わえるのです。これは来年の春の蚕のためにとても大切な作業です。

桑の葉

春になると鎌かはさみを持って畑に入り、この藁を切って歩くのですが、そうすると桑の枝はみな揃って上を向き、行儀のよい桑畑になっています。ところが、この作業をさぼった家の桑畑では、枝は右に左にと勝手に伸びて、桑畑に入って作業ができないほどになっています。春いちばん最初に飼う蚕にはこの枝から出た若葉を食べさせるのです。はじめは葉を摘んできますが、そのうちに蚕が成長してどんどん食べるのでそれではとても間に合わず、そのあとは枝をもとから切ってきては、桑こきという道具で枝の根本から上の方へこきあげるのです。このとき姿勢のよい枝と悪い枝とでは能率がまるで違ってきます。

養蚕農家ではこういう作業を昔からずっと続けてきたのですが、いつのころからか大切な桑にとんでもない異常が現れてきました。秋になって桑を結わえにいくと、とても結わえられないような背の低い桑が出てきたのです。どこでいつ出てきたのかわからないのですが、絹の値段が高くて、みんながたくさんの桑を植えるようになって急に増えてきたようなのです。

明治の半ばころから蚕糸試験場という蚕や桑の研究をする試験場ができましたから、その試験場や大学でもこの桑の異常について盛んに研究をはじめました。そのころの研究者が考えたのは、なにか養分に過不足があるのではないか、あるいは思いもかけないパラサイトがついているのではないかというようなことでした。しかし、いろいろな試験をしてもどうしてもはっきりした原因がつかめないまま何十年もたってしまいました。

桐の木の異変

次は桐の木の話です。昔農村では、女の赤ちゃんが産まれると、その子が無事に育って、お嫁にいくとき新しい桐の箪笥(たんす)を作ってやれるようにと、家の近くの日当たりのよいところに、桐の木を植えるという習慣があったものです。二〇年もたって無事結婚式を迎えるころにはその桐を材料に見事な総桐の箪笥が作られたというわけです。ところがこれもいつのころからか

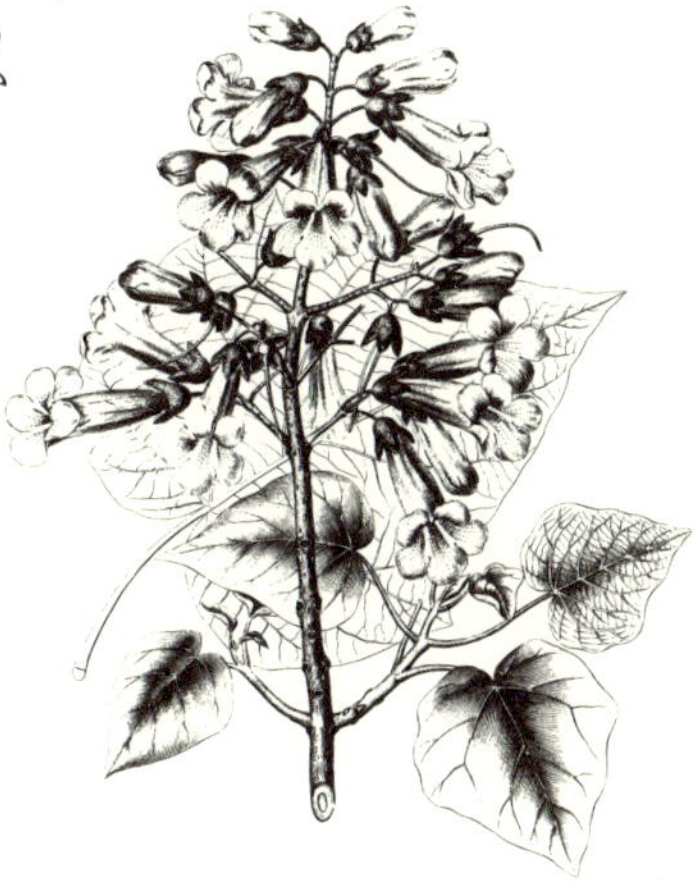

桐の花

わからないのですが、せっかく植えた桐が少しも大きくならず、かえって枝の先の方から枯れ込んでくるような異常現象が出てきました。そして楽しみにしていたのに記念の桐で箪笥を作ることができない人が方々に出るようになったのです。

果たしてなにが原因でこんなことになったのでしょうか。桐は桑ほど重要なものではありませんでしたから研究がはじめられるのも遅かったのですが、それでもかなりたくさんの人が研究に当たったのに、やはり皆目原因がつかめませんでした。

アスターイエローズ病

一方外国でも不思議な病気がありました。それはアスターイエローズ病と呼ばれる病気で、アメリカやヨーロッパで広く発生していました。そのころもうウイルスのことはわかっていましたから、人々はこれもある種のウイルスが原因ではないかと疑っていました。しかし、不思議なことにその当時すでにウイルスならばたいがいのものが電子顕微鏡でその粒子を確認できていたのですが、このグループの病気だけはどうしても粒子を見つけることができなかったのです。

この三つの病気の間に関係があるなどということはそのころ誰にもわかりませんでした。

しかし、世界中でたくさんの人が、それぞれ姿の見えない病原の解明で、なんとかして自分が一番乗りの手柄を立ててやろうと虎視眈々とねらっていたのです。中でも、アメリカのアスターイエローズ研究グループのリーダーだったマラモロシュ博士は、もうすぐ解明できるはずだと思っていたようです。なにしろ当時アスターイエローズの病原をしっかりとつまえることは、そそり立つ未踏峰に初登頂することと同じだと思われていたのです。彼がやり遂げたとしても誰も不思議に思わないほど彼の研究は進んでいました。日本からもその研究室へ何人もの研究者が留学していたほどでした。

日本チームの動き

東京大学農学部に植物病理学の講座が全国に先駆けて創設されたのは、もうおよそ一〇〇年も前になりますが、当時はその創設者の白井光太郎教授から数えて三代目の明日山秀文教授が、戦後のこの研究室を率い、金も物もない時代に、教育に研究にと頑張っていました。その明日山教授のもとで若手助教授として若い教室員たちをぐいぐい引っ張っていたのがこの物語の中心人物になる與良　清氏でした。與良助教授は自分や自分が指導する若手研究者たちの中心テーマとして未知の病原を明らかにしていく、いわゆる病原学を追究していくことにしていました。ですから桑や桐の未解明の病原も当然その対象の中に入っていたのです。

ちょうどそのころ、後に助教授、教授となる土居養二さんが研究生として教室に入ってきました。そして土居さんは持ち前の器用さとねばり強さで電子顕微鏡技術のエキスパートになり、未解明の病気の材料を次々と超薄切片にし、電顕写真にして研究していました。問題の桑の病気ももちろんその対象に入っていました。この桑の病気はそれまでの研究でヒシモンヨコバイという小さな虫が伝搬することはわかっていました。虫が伝搬してしかも葉が縮んだり枝が伸びなかったりするのはウイルスが原因に違いない、そのころの常識では誰でもそう考えていたのです。

ウイルスだとすれば、ほかのウイルス病と同じように、きっと一定の形の粒子が入っているだろう。しかし、いままでに誰もそれを発見した人はいません。與良助教授は秘かにそれをねらっていたのでしょう。研究生として入ってきた土居さんに、電顕観察の重要な対象としてそれを取り入れるように命じたのです。土居さんも、それまでの研究の積み重ねから、そのとき命ぜられた桑の材料が不思議な魅力をたたえたものに見えたことでしょう。それ以来ますます超薄切片作りと電顕観察の作業に熱が入り、来る日も来る日もその作業が続いていました。

そんなある日、土居さんの目が輝きました。彼は問題の桑の病気の電顕写真の中に見慣れないものを発見したのです。それはひどい病気の材料の中には何回やっても出てきます。しかし対照として使った健康な桑にはどこを見ても出てきません。健康なものにはなく病気のものにだけあるとすれば、これは病原体の正体かもしれないと思いました。ただその形はいままで病原体として推定されていたウイルスのものとは似ても似つかないものでした。

ウイルスの粒子は球形とか柱状、ひも状、俵状などいろいろありますが、最も特徴的なのは粒子がそろっているというところです。ところが、こちらは大きいのや小さいの、円いのや長いのとまるで形がバラバラです。またウイルスの粒子は、植物の細胞の中にあり、粒子が集まってできた結晶のような形になったり、粒子がバラバラに入っていたりしますが、こちらは篩管細胞の中にだけびっしりと詰まっています。

萎縮病にかかって株が欠けた桑畑

ある日土居さんは、與良助教授にそっとこのことを話し、写真を見せました。そして二人は、最初は半信半疑で、しかし、だんだん興奮して、これは大変なことだ、大発見につながるかもしれないぞと考えたことでしょう。

このときすぐにＭＬＯだというふうに考えたのかどうか、動物の方のマイコプラズマの姿を見る機会があったせいで、それがすぐ頭の中で結びつき、これは植物につくマイコプラズマではないかと直感したのか、そこのところはよくわかりません。外国でも日本でも、いろいろと想像し、まるで自分が経験したようにいう人たちがいますが、ここではそのプロセスはあまり重視せず、結果の方を重視することにしましょう。

極秘に進められた実験

二人は、このあとどうしようかと一生懸命相談したことでしょう。あとで與良氏から思い出話として聞いたのですが、これは大変な大発見につながるぞ、という予感が第一だったそうです。そしてそれを確実なものにするために大急ぎでしかも極秘裡にどうしても次のことをしなければならない。その第一はなんとかしてこの病原体を培養しなければならない。もし培養に成功しそれを健全な桑の苗に接種して発病させることに成功すれば万々歳。こういう場合の大原則、病原体を純粋分離する、これを健全な宿主に戻し接種し病徴を再現する、そのものからふたたび病原体を純粋分離して両者の同一性を証明する、というコッホの三原則が証明でき、堂々と病原体はこれであると発表できるのです。この病原体の培養実験は、すぐにそのとき研究室の助手だった寺中理明さんに命じました。寺中さんは、それから一年近く一生懸命いろいろな方法で培養の試験を繰り返すことになります。

それからもう一つ考えたのは、もし動物と同じようにマイコプラズマだとすれば、動物マイコプラズマで治療効果のある抗生物質が効くはずではないかということでした。これは大学の研究室では実験できないので、当時都内の中野区にあった蚕糸試験場に頼むのがいい。もちろん、外に出すには秘密保持が心配だと思いましたが、ちょうど都合よく、教室の卒業生で石家達爾さんという人がそのころ蚕糸試験場の病理の研究室にいました。早速石家さんが呼ばれ共同研究に加わることになりました。石家さんも世紀の大発見のお手伝いができるかもしれないと思って感激したことでしょう。周到な極秘体制のもとでテトラサイクリンを吸わせる試験に取りかかりました。テトラサイクリンというのは抗生物質で、人の病気の治療に使われるテラマイシンの主成分です。

培養の方はできるとすれば割合短期間に結果が出ると思われたのに、なかなか結果が出ませんでした。一方テトラサイクリンの試験の方は間もなく効果が現れてきました。試験開始のときにすでに病徴が出ていた葉はもちろん変わりようがありませんが、開始後に伸びてくる葉はどうも健全な株と変わらないように伸びてくるのです。石家さんも與良助教授や土居さんもその後の一日一日が緊張と喜びの連続だったことでしょう。結局、桑の病苗に対するテトラサイクリンの施用は完全な治療効果を示したのです。

最初に考えたもう一つのこと、それはなかなかの難物でした。それはなにかといいますと、はじめにも書いた、世界的な大病害アスターイエローズ病にもこれと同じものが見えるかどうかを確認するということです。アメリカのマラモロシュ博士の研究室に頼めば材料を分譲してくれるかもしれませんが、それはとても危険です。なぜかといえば目下の最大のライバルだからです。彼らも同じ結果を出しつつあるかもしれない。もしそうでないとしても、向こうはこれの病原追究のために、世界中から集まった留学生や研究生も加えて大人数で研究を進めているのです。どんな小さな情報でも大きなヒントになる可能性があります。ですからそれはとてもできません。しかし、そのとき国内のウイルス研究の情勢に詳しい與良助教授は、北海道大学の村山大記教授がアスターイエローズの株を研究用に保存していることを知っていました。與良助教授は思い切って村山教授に頼んでみました。まだこちらの研究は進行中で他人に自信をもって明かすほどのものではありませんでしたから、研究用に使いたいからといってお願いしたのですが、村山教授は快く分けてくださいました。さあその結果がどうなるか、心臓どきどきものだったことでしょう。

すぐに土居さんが実験に取りかかりました。慎重に超薄切片を作り電顕で見ました。すると、あったのです。それこそ桑の篩管の中に見られたのと同じ形のものが北大から譲り受けたアスターイエローズ病の試料の篩管の中にいっぱい詰まっていたのです。與良助教授も土居さんもどんなに嬉しかったことでしょう。これで桑や桐の病原体がアスターイエローズ病という世界的大病害の病原体と同じものかもしれないという可能性が非常に大きくなってきたわけです。

そのころにはもう桑の中で見つけたおかしな形のものがマイコプラズマらしいということは、そのグループの研究者の頭の中では確信に近いものになっていました。大学の同じ棟の中に獣医学の研究室があり、動物マイコプラズマの姿形についての情報は十分に得ていたからです。それに石家さんがおこなったテトラサイクリンの施用試験もはっきりした結論が出ていたのですからなおさらです。

決断のときはきた

さてそうなると次は発表をどうするかです。培養は成功せず戻し接種ができていないのですから、コッホの時代から、人でも動物でも植物でも、病原体の証明には絶対不可欠といわれた三原則の条件を満たしていないのです。それを待つべきか。しかし、熱心な寺中さんのおこなった実験の結果からは、これの培養はそう簡単にはいきそうもないことが予見できました。そうなるとその結果を待っていたのでは五年も一〇年も先になるかもしれません。

そういう状態のとき與良助教授は重大な決断をするのです。これは一日も早く発表に踏み切るべきだ。そうでなければ外国の研究者に先を越されるかもしれない。それ以上にこれだけの大病害の病原体の発表にただ完璧だけを期していてよいのか、むしろいまは完璧でなくとも、これを発表することによって議論が起こり、さらに研究が進むだろう。その結果、何年か後に自分たちの研究の結果が覆されることがあってもよいではないか。そのときは世界中からの批判も甘んじて受けようと、たぶんそんな考えが渦巻いたに違いありません。そして結局発表することに踏み切ったのです。

それだけの大問題ですから、当然、アメリカはじめ外国の一流雑誌に発表するという方法があったのですが、與良助教授たちはあえて日本の学術雑誌に発表する道を選びました。日本植物病理学会報という専門学会誌に発表することにしたのです。こう考えた裏には、與良助教授たちの周到な読みがあったことがうかがえます。とにかくこの研究成果は一度表に出ればたちまち世界中の関係する学会に大ニュースとなって伝わってしまうでしょう。そうすればどこの国の大学でも研究所でも電子顕微鏡を持っているような時代ですから、それこそニュースを聞いて数日後には同じ結果を出し、先に発表してしまうこともできるはずです。ですから発表するならできるだけ早く印刷になる必要があります。ところが、外国の一流雑誌だとレフェリーとのやりとりなどでどんなに早くても半年やそこらはかかってしまうでしょう。日本の学会ならば口頭発表の前に投稿しておけば発表のすぐあとに印刷ができて来るという芸当ができないことはありません。

たぶんそういうことが考えられた結果でしょう。このときは口頭発表も雑誌への発表も素早くおこなわれました。そして学会誌の抜き刷りがこの方面の研究をしていた内外の研究者へ送られましたから、発表の直後からどんどん反応が現れました。

まず反応したのは国内です。国内にも同じねらいで研究していた人たちがいましたから、口頭発表のときすぐに、自分もその形のものは何回も見ていたがまさかあれが病原体とは夢にも思わなかった、残念！というものでした。外国の研究者からも反応はすぐ出てきました。アスターイエローズグループの研究をしていた人たちは、それぞれの国で自分が研究していた材料をすぐさま電顕で調べて、自分のところでも同じものが見えたとい

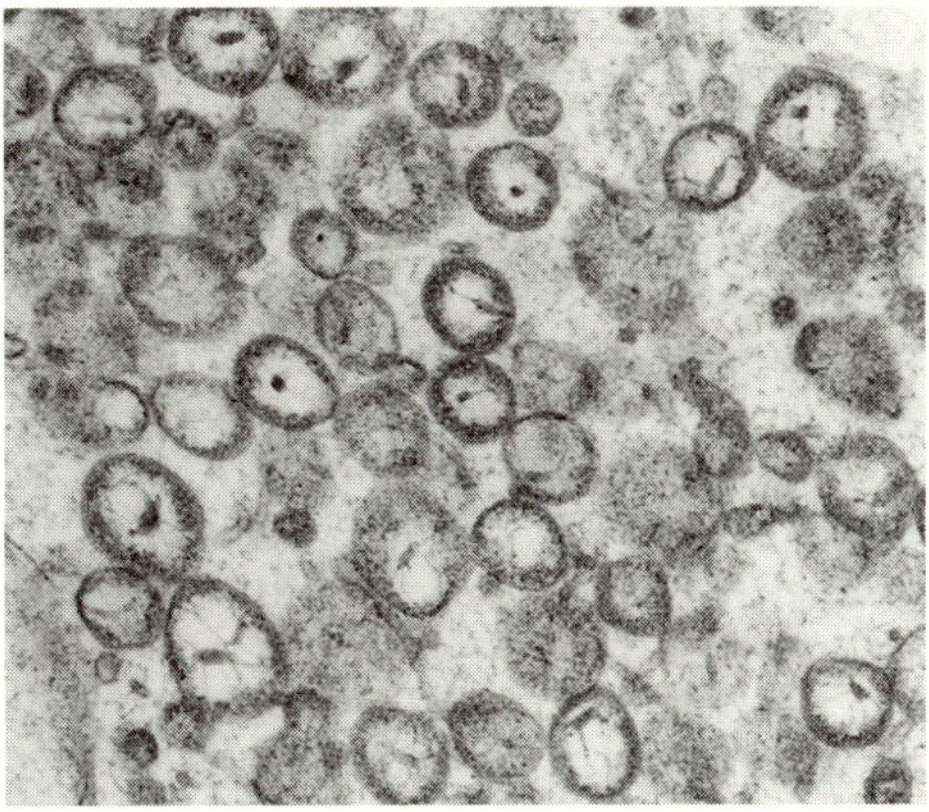

リンドウの篩管内部につまったＭＬＯの粒子
（奥田誠一氏原図）

う発表が相次いだのです。そしてそういう論文には必ず東大グループの論文が引用されていたことは言うまでもありません。

マイコプラズマ様微生物とは

與良助教授たちは、発表のときその未知の病原体をなんと呼ぶかずいぶん迷ったのだと思いますが、結局マイコプラズマ様微生物（マイコプラズマライク・オルガニズム、ＭＬＯ）と名づけました。ですからその名称はそれ以後世界的に通用する名前になりました。何百とあるウイルスの一種を発見したなどとは大違いで、「ウイルス」、「糸状菌」、「細菌」に匹敵する病原体のグループの発見ということですから、大した大手柄です。それから数年の間に與良、土居を中心にする研究グループに対しては、日本では日本植物病理学会賞、日本農学賞、読売農学賞、学士院賞、外国からはアメリカ植物病理学会のルースアレン賞、国際マイコプラズマ学会賞などの賞が与えられました。

この研究のその後はどうなったでしょうか。

国内でも国外でも、いろいろな植物でこれもＭＬＯだった、これもそうだったという報告が相次ぎました。それと同時に、この研究のいちばんの弱点だった病原体の培養ができていないという点を捕らえて、我こそは培養成功の一番乗りをしようと内外のずいぶん多くの人がその研究に没頭しました。しかし、いまだに誰も成功することができません。もしあのとき培養して戻し接種に成功するまでは、と発表しないでいたらどうなったでしょう。與良助教授のここで発表しようという決断がなければ、四〇年たった現在でもまだ発表できなかったことになります。あの決断があったおかげでその後MLOについての研究も大いに進み、名前までMLOでなくファイトプラズマと改められ、DNAの研究手法が発達したおかげで分類の研究なども大幅に進歩してきています。

ジャガイモはタバコの敵か

ウイルスはナス科の植物が好き？

ジャガイモとタバコは同じナス科植物で、いわば親戚のような近い間柄にあります。だから敵であるはずはないのですが、ここでは、親戚のような関係であるために、心ならずも敵になってしまったという話を紹介しましょう。

ナス科植物にはほかにトマト、ナス、ピーマンやトウガラシ、ペチュニアなど、私たちの生活には関係の深いいろいろな植物がありますが、不思議なことにこれらのナス科植物は大変ウイルスに好かれる植物群で、たとえばタバコには一四種類、ジャガイモには一一種類ものウイルスがつくことが報告されています。

ナス科植物にたくさんのウイルスがつくという話が出たところで、少しウイルスと植物との関係全般について話しておきましょう。

ウイルスというのは日本の中に分布しているだけでおよそ三〇〇種類もありますが、ややこしいことにウイルスの中には非常にたくさんの種類の植物に寄生するものと、たった一種類の植物にしかつかないもの、同じ科の植物ならかなり広くつくものなどいろいろなタイプがあります。ですから、ウイルスは三〇〇種類しかないのに、植物の方から数えると病気の数はその何倍もあるのです。これから話題にするジャガイモYウイルスというのは、同じ科の植物にはつくグループで、ジャガイモのほかトマトやピーマンなどにも病気を起こします。しかし、ウリ科の植物であるメロンやキュウリ、イネ科の仲間であるイネやムギなどにはまったくつかないのです。

ジャガイモは夏になると薄紫色のなかなかきれいな花を咲かせますが、その花は、日本のような気候条件のところではほとんど実を結びません。花が終わるころになると葉や茎は黄色くなって枯れてしまい、ちょうどそのころ土を掘ると、中からごろごろと薯(いも)が出てきます。ということはこのころがまさに収穫期になるわけです。結局、日本で普通に栽培されている場合には、ジャガイモの一生には種子ができるときはないのです。ではジャガイモはどうやって増やすのかというと、たいていの人は知っていることでしょうが、薯で増やすのです。これはジャガイモだけではなく、サツマイモやヤマノイモなどでも同じです。ジャガイモやサツマイモは播くとはいわず植えるというのはそのためです。

普通、農家では農協から種子薯を袋で買ってきて、薯を半分に切り、切り口に木灰などをつけて植えつけます。このごろでは家庭菜園でもジャガイモを作る人が増え、農協やスーパーの花植木売り場では種子薯を袋から出して小分けして売っています。

ところで小分けされる前の種子薯袋を見たことがあるでしょうか。この袋にはちゃんと検査済みの判が押されているはずです。もしも、この検査済みの判のない種子薯袋から出してきた薯が売られていたら、それはインチキと思わなくてはなりません。では検査済みの種子薯は、どこでどんなふうに生産されるのでしょう。

これは北海道とか本州なら嬬恋村とか、いわゆる高冷地で、アブラムシの発生が少ないところを選んで、その上厳重な管理のもとに作られています。なぜこんなふうに厳重にするかというと、絶対にウイルス病にかかっていない種子薯を作るためです。普通の植物の場合、もしウイルス病にかかっても一度種子を結ばせると、種子にはウイルスが入り込まず、翌年種子を播けば、最初はウイルスにかかっていない健康な植物を育てることができます。非常にまれに種子伝染をするウイルスがありますが、それはごくまれのことです。

ところがジャガイモのように種子が取れず、薯で増やさなければならないものは事情が違います。薯は葉や茎と同じ体細胞でできていますから、普通の農家や家庭菜園でつくったジャガイモをそのまま種子薯として植えつけると、その中には畑で発病したウイルスがそのまま入っていますから、それこそひどいことになってしまいます。春先、元気に伸びるはずの芽がはじめから縮れたような姿になり、その後ものびのびとは育ちません。そして収穫期になっても小さな薯が少しだけしか取れないのです。もし並んで検査済みの種子薯を植えた畑があればその違いにびっくりすることでしょう。ですからジャガイモでは健全種子薯を植えるというのが非常に大切なことなのです。

タバコ農家を震撼させた伝染病

日本には原々種農場、原種農場、採種農家という三段階でできている立派なジャガイモの無病種子薯生産組織があって、それに乗って種子薯が生産され、流通していますから、いままでほとんど問題がなかったのですが、一九七二年といいますから三〇年近く前のこと、ジャガイモが関わって起こった思いもかけない事件が持ち上がりました。

タバコの花

黄斑えそ病にかかり、
ひどいえそのでているタバコ

最初四国地方で、その後関東地方でも、タバコ耕作農家がタバコにひどい病気が出たといって悲鳴を上げました。当時の専売公社の試験場で急遽研究がおこなわれ、その病気の正体が突き止められました。捕まえてみたら意外にもその本体はジャガイモから来ていることがわかったのです。四国でも関東でもその病気が出たタバコ畑の近くには必ずジャガイモ畑があり、そのジャガイモを調べてみるとタバコにひどいえそ症状を出すウイルスが含まれていました。もちろんアブラムシを使ってそのジャガイモから、タバコの苗への伝搬試験がおこなわれましたが、残念ながら想定どおりジャガイモが伝染源だということが証明されたのです。このえそ症状というのは、植物が病気になったとき現れる症状の中でいちばんひどいもので、葉や茎の一部が黒褐色に枯れてくる症状のことを「えそ（壊疽）」といいます。最もひどいときは株全体が枯れてしまいます。

そうなると次に問題になるのは犯人であるパラサイトの身元調べです。四国でも関東でも同じような状況で出たということは、四国のものも関東のものも同じ出所だろうということになります。そこまで来ると焦点は完全に絞られて種子薯が怪しいということになりました。そして研究の結果、北海道の種子薯産地でもその発生が証明されました。パラサイトの名は「ジャガイモYウイルス」といって、別にめずらしいものではなく、いままでにもジャガイモでは最も普通にあるウイルスでした。このウイルスは単独ではジャガイモにほとんど症状らしい症状を出しません。そのためこれまでにも、種子薯産地でもつい見逃されやすく問題だったものですが、悪いことに今回発見された新しい系統は、ジャガイモにはいままでのものと同様症状を出さないのですが、タバコにだけものすごくひどいえそ症状を出すように変化していたのです。たぶんパラサイトのＤＮＡのどこかに、ほんのちょっと変異が生じたに違いありません。

しばらくの間、騒ぎが大きくなりましたが、原々種農場や北海道の道立農業試験場などで地道な研究が続けられた結果、現在では防除法も確立され、問題がなくなっています。それにしてもジャガイモとタバコは親戚同士だったために、同じパラサイトが自由に行き来し、とんだ敵同士にされるところでした。

温州ミカンのパラサイトを追って

白羽の矢

戦後一〇年ばかりたったころのことです。

当時、コメやムギはそろそろ自給できるようになり、人々の生活にもゆとりができてきましたので、これからは果物も大いに増産しようという気運が盛り上がってきたころのことです。日本の果物といえばなんといってもミカンとリンゴが双璧です。リンゴは北で、ミカンは南で盛んに増植されるようになってきたのでした。そうなるとなにより求められるのは苗木です。それも健全な苗木です。ミカンもリンゴも一度植えれば何十年も続けて収穫しなければなりませんから、はじめから病気にかかっていては問題になりません。特に一度かかれば一生治らず、実のなりが悪くなったり樹の伸びが悪くなったりするウイルス病には絶対かかっていて欲しくない、というのが農家の願いであったのです。

そのころ日本ではまだ樹木のウイルスの研究はほとんどおこなわれていなくて、わからないことが多かったのですが、少なくともここでお話する温州萎縮病だけは、接ぎ木伝染するれっきとしたウイルス病であることが証明されていたわけです。ミカン農家としてはなんとしてでもこいつにだけはかかっていない苗が欲しかったのです。

ところが実験の結果では、接ぎ木をしても数年しないとウイルスにかかっているかどうかわからないというのですから困ってしまいます。なんとかしてもっとはやく検定できる方法はないものか、非常に急を要する問題でした。そこでミカンの研究では当時日本の中心だった興津（おきつ）の試験場で、大急ぎでこの検定法の研究をおこなうことになりました。そうはいっても研究しなければならないことは山ほどあり、少ない人数で手分けして研究していましたから、誰か手の空いた者を選んでやらせなければなりません。そこでそのころまだ入所後数年を経ただけで研究テーマも独立のものを持たず、先輩の研究者の助手をやっていた私に白羽の矢が立ちました。

ミカンの花と果実

温州萎縮病にかかったミカンの樹

　いまの時代ならすぐにＤＮＡプローブ法とかエライザ法とかいう方法が頭に浮かぶのですが、当時はまだそんなものは影も形もなかった時代です。最も新しくしかも短時間に検定できる方法は、ウイルスを純化してウサギに注射し、抗血清を作り、抗原抗体反応を利用して検定する方法でした。しかしこの方法を用いるには生きのよい柔らかい植物にウイルスを接種し、その植物が十分発病したところで刈り取って材料にしなければなりませんでした。これはもちろん草本植物の話です。

　ところが、こちらは温州ミカンという樹木です。タバコやジャガイモ、多くの野菜類などでおこなわれていた抗血清レベルまで持って行くには、なんとしても肝心のウイルスを樹木以外のところで大量に増殖させる以外に方法がありません。

　さて困りました。とにかく、樹木のウイルスは樹木の世界だけに特有のものと思われていましたから、樹木から草本植物にウイルスを移すなどということは考えられもしませんでした。

　しかし、ちょうどその少し前、海外で小さな煙が上がっていました。ブラジルで開かれたＩＯＣＶ（国際カンキツウイルス学研究者会議）という会議に、興津の場長をしていた田中彰一さんという方が出席して帰って来られました。そしてその会合から、アメリカの学者がカンキツのインフェクシャスベリーゲーションという病気にかかった樹からマメ科植物にウイルスを移すことができたという小さなニュースを持って帰られたのです。その病気と日本の温州萎縮病とは文献で見る限り症状はまったく似ても似つかぬものでしたから、どうなるか皆目見当はつきませんでしたが、一条の光が見えたことは確かです。これはやってみる価値はあると思いました。

実験ははじまった

実験ではまず、インゲンやダイズ、エンドウ、ササゲなどいろいろなマメ科の種子を買ってきました。特にアメリカの学者が使ったという、インゲンはインゲンでも日本名で茶白インゲンと呼ばれる品種と、日本では当時まだ使われておりませんでしたが、アメリカやヨーロッパでは家畜の餌用に作るらしいカウピーというマメ科植物の種子は、種苗会社に頼んで特に外国から取り寄せてもらいました。

ウイルスの接種実験は、病植物の汁液を目的の植物の葉につけて、発病させてみるというものです。まず、ウイルス病にかかってモザイク症状などを出している病植物の、できるだけ若い葉や芽を切り取り、これに水や緩衝液を加えて乳鉢ですりつぶし、緑色の汁液を作って、別に育てておいた同じ種類の植物の小さな苗に、カーボランダムという一種の研磨剤の粉を振りかけておき、脱脂綿に先の汁液を含ませて軽くこすります。そしてすぐ如雨露(じょうろ)で水をかけておきます。水をかけるのは余分な汁液を洗い流すためです。これをやらないと必ずあとで接種した葉がからからになって枯れてしまい、失敗します。すぐ洗い流してしまえばウイルスも流れてしまいそうですがその心配はありません。ウイルスの粒子はこすったときにできた小さな傷からさっと細胞の中へ入ってしまいます。なにしろこすったときにできるミリ単位の傷から一〇〇万分の一ミリ単位の粒子が入るのですから大丈夫です。

たまたま実験をはじめた時期が五月で、ミカンにはまだ花が残り、新芽が伸びはじめているころでした。病気の樹から新芽を集め、この方法でマメ科の幼植物に接種をしてみました。なにしろはじめてのことで、果たして何日目に発病してくるのかさっぱりわかりません。しかし、期待いっぱいで、それこそ毎朝毎朝、朝一番に温室へ行き、接種しておいたマメ科植物の鉢を一個一個持ち上げては光にすかして覗いてみました。

なかなか変化がありませんでした。

ちょうど一週間が過ぎたころです。茶白インゲンの苗におかしな変化が現れてきました。新しく伸びてきた本葉に葉脈が透明っぽくなる変化が出てきたのです。一日目は半信半疑でしたが二日目になるとそれがますますはっきりしてきました。胸が高鳴ります。おそるおそる対照の無接種の鉢を見ると、そんな様子はまったくなく、緑色をした元気な本葉が伸びています。さあこれは本物だぞ、温州ミカン萎縮病の樹から草本植物にはじめてウイルスを移すことができたんだ、と感激したことを思い出します。

しかし、そのほかのマメ類はどうなんだろう。インゲン、それも茶白インゲンだけではもしかしたらなにかの誤りかもしれない。ところがそのほかのマメ類にはなんの症状も出ていません。茶白インゲンで強烈な印象を受けていたので、ほかのものも出てくるなら葉脈透過、葉脈が透き通ってくる症状、だと思っていたのです。何日か過ぎてからのことです。カウピーの接種区におかしな変化が出ていることに気がつきました。茎のところどころに紫色のへこみができています。ちょうど根から菌が入って導管病になったように見えます。本葉はと見ると葉の色には変化がないのに、葉柄にやはり紫色のへこみが入り、葉がぐにゃっと曲がっています。知らないうちに病原菌を拾ってしまったのかなあと思いました。その後二日、三日とたつうちに症状はますます進みます。一方無接種区はみな元気です。うーんこれもウイルスの症状か。この様子をひとりで毎日何回となく確かめながら胸はますます高鳴ります。茶白インゲンだけでなくカウピーまで発病したとなればもう間違いない。これは樹木のウイルスの世界では日本ではじめての発見になるのです。これはえらいことになったぞ、と思いました。

さあそれからが大変でした。このあとこれをどう発展させていこうか、ほかの人は誰もこの実験に大した関心を寄せていなかったし、相談しようにもみな忙しすぎます。いっしょにいる研究室の人でもあまり関心がないのに、ましてやイネやムギの研究をしている人にとっては外の世界のことのようなものです。そういう人たちにこの結果の重大さを気づかせ、納得させ、関心を持たせるためにはどうするか。そうするためには、なんとかしてどこから見ても疑問の余地がないように、しっかりしたデータを積まなければなりません。

それにはなにより実験の繰り返しです。たった一回の成功ではなく、何回やっても同じ結果が得られ、またほかのどんな人がやっても同じ結論が出るようでなければなりません。それからというもの二回も三回も種子を播いては接種し、播いては接種しました。また発病してきたインゲンやカウピーを材料に、これらに交互接種してみる必要もあります。二回目も三回目もちゃんと発病してきました。交互接種の結果も思いどおりです。インゲンやカウピーに発病していた材料にはもとのミカンの新芽より濃度高くウイルスが入っていました。ここまで来るともう確実です。萎縮病にかかった温州ミカンから汁液接種で草本植物にウイルスを取り出すことができる、しかも取り出したウイルスは草本同士の間で何回でも接種を繰り返すことができるということになりました。

第二の実験

こんなことで半ば有頂天になりながら、実験を進めているうちに、季節はどんどん進んで真夏になってしまいました。

ミカンはほかの一般の草本植物と違い、いつでも新芽があるわけではありません。夏になるといっさい新葉が出なくなってしまいました。そして硬くなった葉を材料に同じように接種試験をしてもまったく発病してきません。困りました。ほんの一、二カ月前には陽性だったのにあれは果たして本当だったのだろうか。自分はなにかとんでもない勘違いをしていたのではないだろうかと、そんな心配まで出てきてしまいます。

そこでその次にしたのは、同じ発病樹から新葉がない時期でもウイルスが取り出せる方法はないか調べるということです。硬くなった葉はだめなのですから、葉以外でしかもいつも成長している部分でなければなりません。ミカンの樹のところへ行って、そういう目で見ていると、いろいろな考えが湧いてきます。夏でも盛んに成長しているのはまず果実です。七月ごろの果実は親指の頭ほどですがこれが二、三カ月後には子供の握りこぶしくらいまで育つのです。まず候補に上げたのは果実でした。

その次に、果実をどんどん生長させるために水や養分が通る通路、導管や維管束のあるところです。枝や根の木質がそれに当たるだろうと思い、そこも選びました。果実はまだよいのですが枝や根の木質部はつぶすのに一苦労しました。しかし、結果は上々の首尾でした。三部分ともみな陽性の結果を出してくれました。木質部は材料としても硬くて使い勝手が悪くウイルス濃度が低くて発病率は高くありませんでした。しかし果実の方は新葉よりよいくらいに高率にインゲンやカウピーに発病させることができました。

ところが、ここでもまた困ったことが持ち上がりました。子供がどんどん育つように、果実もどんどん育つのです。そしてある程度まで成長すると、果実のところは酸がひどく強くなってしまい失敗しました。これをなんとかしなければなりません。そこで、考えをめぐらせているうちに解決策が出てきました。成長して酸っぱくなる部分を抜かしたらどうか、アルベドという皮の内側の白い部分だけを使ってみたのです。見事に的中でした。高率に発病してくるのです。そしてアルベドならば秋になっても使えることがわかりました。

ウイルスは本物か

ほかの人を納得させるということは、とりもなおさず、学会で発表したときに不特定多数の専門家たちを納得させるということですが、そのことを考えるといろいろやるべきことが浮かんできます。まず、このウイルスは本当に萎縮病にかかった樹だけから取れるのか、外観健全な樹からも取れるようなら問題になりません。そうなれば考え方を全面的に変えなければなりません。もう一つ心配なことがありました。温州ミカンには普通温州と早生(わせ)温州というのがありますが、早生温州の方は誰が見ても樹の外観を見ただけで区別がつくほど樹も葉も矮性(わいせい)なのです。この形だけから見ると、早生温州といわれるのはみな萎縮病にかかっているのではないか、萎縮病にかかっているのが早生になっただけではないか、そんな疑問も浮かんできます。

そこで、真性萎縮病の樹、疑似萎縮病の樹、早生温州の樹、まったく健全な樹、それも何カ所もの樹、などから新芽を取り、汁液接種試験を繰り返しました。その結果健全な樹からはまったくウイルスが取れませんでした。また疑っていた早生温州の樹については、これもまったくのぬれぎぬで、これからもウイルスは取れませんでした。早生だというだけでは外観どんなに矮性でもウイルス病ではないのです。一方疑わしいと思う樹からは何本かウイルスが取れるものもありました。しかし、このことはむしろ汁液接種がちょうどウイルスの検出試験になった格好で、ウイルスが出てきた樹は、あとでよく調べてみるとやはり萎縮病にかかっていて軽いけれども確実に症状が出ているのでした。

こうなると一年の結果でかなりよいところまで明らかにすることができましたので、これを翌年春の学会で発表することになりました。自分では相当なことをやったと自負しているのですが、どうやらやや力んでいたようです。講演は無事終えたのですが聴いてくれた人の反応はいま一つです。あとから考えるとそれもそのはず、そのころ学会でのウイルス病の研究はどんどん進んでいて、あるウイルスの新しい宿主を見つけたくらいのことはそれほどセンセーショナルなことではなかったのです。

しかも何百人の学会員の中に、果樹それもカンキツの病気を研究している人は一〇人ばかり、その上カンキツのウイルスに関心を持っていた人は私自身がいた研究室の二、三人だけだったでしょう。これでは反応が鈍いのも仕方ありませんでした。これがその前年ブラジルで開かれたＩＯＣＶならすごかったんだがなあ、と悔しかったものです。ともあれ学会の発表も無事終わり、温州萎縮病の樹から草本植物にウイルスを取り出せるということが天下に公表されたことになります。

ウイルスの検定に使える植物を求めて

学会から帰って次のステップの研究のことを考えました。一年間興奮して打ち込んできた研究を振り返ってみると、いつの間にか自分の頭の中から抜け落ちてしまっていたことがあるのに気がつきました。それはなにかというと、この研究をやるのはなんとかして無病の苗を使いたいというミカン農家の願いに答えるためなのだということでした。結局、本当に必要なのは苗木のもとになる母樹、その母樹が無病かどうかを検定することです。その検出法が必要なのです。

そのつもりで自分がやった結果を検討すると、茶白インゲンもカウピーも発病はするけれども時間がかかります。種子を播いてから接種の結果がわかるまで、どうしても一カ月はかかってしまいます。植物検疫や苗木作りの現場で応用するには、もっと早く結果が出なければ実用的ではありません。それならどうするか。もっと探索の範囲を広げてそういう目的に合うような植物を見つけるのが当面の早道です。それをやろう、そう思って仕事をはじめました。

目標はしぼられました。いままでのようにマメ科だけにしぼるのでなく、もっと範囲を広げよう。もう樹木から草本へウイルスを取り出すことはできたのだから、今度はそのウイルスを草本植物のウイルスと同じように扱えばよい。ウイルスはインゲンやカウピーの上で増やしておき、それを使えばよいのです。もうミカンの新芽だけが頼りではありません、シーズンを気にすることはないのです。今度は種子もマメ科以外のいろいろなものを集めました。

そうはいっても苦労は今回の方が数倍も上でした。マメ科だけのときは数はしれています。しかし、何でもよいとなれば無限に広がってしまいます。仕方がないので、ほかのいろいろな植物のウイルスの研究に使われているものを優先的に選びました。それでもウリ科、ナス科、アブラナ科、アカザ科など、どんどん多くなります。そして、それだけでなく、見当をつける意味で付近で手に入る雑草や日常食べているものなども入れました。

結局何十種類と使いました。その結果、どれもこれもだめだったのですが、たった一つゴマだけが陽性の反応を示してくれました。ゴマは、すりゴマにして食べるために田舎からもらってあった家庭用のものでした。ゴマとは意外な植物が反応したものです。そのころゴマそのものにウイルス病があることは知られつつありましたが、まだほとんど研究はありませんでした。もちろんゴマを検定植物に使うなどという情報は世界中どこにもありません。しかし何本か使ってみたゴマに、確かにこのウイルスがつくらしいことがわかってきました。何十種類の中でゴマだけが反応したのですから、これは大事にしなければならないと思いました。

ゴマ検定

使ったゴマは田舎からもらってきたもので、白ゴマも黒ゴマも混じっています。品種名もまったくわかりません。これではあとあと困るので、なんとか由緒正しいゴマが欲しいと思いました。調べてみると、その当時、四国の農業試験場で研究しておられた松岡匡一さんという方がゴマの専門家で、品種もいろいろ集めておられるということです。早速松岡さんにお願いして代表的な品種を数品種送っていただきました。そして、改めていろいろ実験してみると意外な事実がわかってきました。

意外なというのはインゲンでもカウピーでも症状はいずれも新しい葉に出ていました。ところが、ゴマは接種したときの葉すなわち接種葉にも出るのです。ゴマは「胡麻粒」というほど種子が小さいので、そこから出た子葉は小指の頭ほどしかありませんが、よく見るとその小さな子葉に、接種後二、三日目に黒褐色の小さな斑点がいくつも出るのです。こういう反応はウイルスの研究上は非常に便利なもので、世界的に有名なものがタバコモザイクウイルスに対するニコチアナ・グルチノーザというタバコの一種が示す反応です。こちらはもう何十年もの間使われ、これからも末永く使われるに違いありませんが、ゴマと温州萎縮病との間にそんな関係が生まれようとはまったく意外でした。

実験を重ねてみると、ゴマの品種はどれもこれも同じようにこのウイルスに敏感で、どれでも使えることがわかりましたし、子葉に出る反応、これを局所病斑（ローカルレジョン）というのですが、これをウイルスの検定に使えることがわかりました。

これで検定用植物としてゴマがあり、ゴマ検定をすることによって以前は数年がかりだった温州萎縮病の検定が、ゴマの苗さえ準備しておけばわずか数日で確実に生物検定することができるようになりました。この方法は、当時、植物検疫所で充実されつつあった国内検疫、特に母樹の検疫制度の中に取り入れられ、温州萎縮病のゴマ検定といって便利に使われました。

ゴマに出たローカルレジョン

苦い経験

そんな経過があった三年目のことでした。東京でその年の研究成果を検討する会議が開かれ、私もそれまでの成果をかいつまんで報告することになりました。その席でのことです。私としては生涯忘れることのできない強烈な、しかも苦みの強い経験をすることになります。

私は温州萎縮病の樹からインゲンやカウピー、ゴマなどの草本植物にウイルスを取り出すことに成功しました。このウイルスは健全な樹からはまったく検出されず、萎縮病にかかった樹からは何本やっても必ず検出されます。だからこのウイルスが温州萎縮病の病原ウイルスであると考えられます。そこでこのウイルスを温州萎縮病ウイルスと呼ぶことにしたいと思います。

およそこんなふうな報告をしました。若かった自分としては多分に誇らかな気持ちでの報告でした。といいますのは、それまでにもう三年間も自分で実験を繰り返し、自分だけでなく県の試験場や植物検疫所などで何人もの人が追試をしてくれていましたから、結果には絶対の自信があったのです。

ところが批判の矢は思いもかけないところから、しかも強烈なものとなって飛んできました。その日、会場には農水省の担当者だけでなく、大学からも何人かの先生方が出席しておられました。そして批判の矢は大学の先生の席、九州大学から来ておられた日高　淳先生から放たれてきました。日高先生は九大へ行かれる前に専売公社の研究所でタバコウイルスの研究をしておられたタバコウイルス研究の大家です。

その日高先生から大要次のようなご指摘がありました。

「あなたは草本植物に取り出したそのウイルスを温州萎縮病の病原ウイルスだと断じ、それを温州萎縮ウイルスという名で呼びたいといっている。しかしあなたの研究はこういう場合に最も重要なコッホの三原則を満たしていない、ミカンから草本植物にウイルスが取り出せたというだけで、戻し接種をやっていない。これではそのウイルスだけで温州ミカンに萎縮病を出すかどうかがまったく証明されていない。この結果でこのウイルスを温州萎縮ウイルスと呼ぶことは学問的に見て到底許されない。呼びたいならばちゃんと戻し接種を成功させて、このウイルスが単独で萎縮病を起こさせるということを証明してからにしなさい。」

というものでした。まったくそのとおりです。返す言葉は一言もありませんでした。わずかにそのことは私も気にしていて、いままでにも戻し接種をしているのですがいまだに成功していないのですと、真っ赤になって弁明するばかりでした。

実はそのときにはすでに何日か後に興津から平塚の試験場へ転任することが決まっており、準備している最中でした。神奈川県の平塚は興津と違って寒いところで、研究対象もミカンではなくモモやナシなどの落葉果樹でした。そういうことで一区切りの意味もあって、私がそのテーマを報告することになっていたのでした。しかし、そのときの日高先生の一言は、千鈞（せんきん）より重い重要なご指摘でした。それまでやや功に溺れ、功をあせって、一仕事できたくらいの気持ちでいた私は、このご指摘で本当に冷水を浴びせられた思いでした。

しかし、同時に、よしやってやろう、たとえ平塚で正式には研究ができなくても、なんとかこの戻し接種の実験だけは続けよう。そして必ず成功させてみせるぞ、と決心しました。

戻し接種でウイルスを確かめる

平塚の試験場では、大きなガラス室はあったのですが暖房が入らず、冬の間カンキツの苗を育てることはできません。そこで近くの土手の南側に大きな穴を掘って、底にニクロム線を張り、上にガラス戸をかぶせ手製の温室を作りました。温州ミカンにはあまり種子がありませんから、家中で食べたミカンから出た種子を取っておき播きました。夏ミカンやグレープフルーツはいくらも種子が取れましたから、これらも取っておいて播きました。

こうして育てたカンキツの実生苗を使って、シーズンになると茶白インゲンやカウピー、ゴマなどの発病苗からウイルス液を作り、いろいろな方法で戻し接種をやりました。何回も何回もやり、翌年まで育てて翌春インゲンやカウピー、ゴマなどで検定しました。二年目、三年目と日はたつのになかなか成功しません。しかし、五年目のことでした。接種しておいた温州ミカンの実生苗の葉がスプーン型に変わり、萎縮病そっくりの葉が出てきました。これはと思いました。そして慎重に草本植物への接種をやってみますと、出てきました。まるで自然発病の樹から接種したときと同じように見事に発病してきたのです。しかも一本だけではありません。温州ミカンの実生はもちろん夏ミカンの実生にも出てきたのです。さあこ

温州ミカンの幼樹
左は戻し接種した樹、右は健全な樹

れで戻し接種成功です。今度こそ胸を張って温州萎縮ウイルスと呼ぶことができます。

ちょうどよいことに翌年ＩＯＣＶの会議が日本で開かれることになり、外国から一〇〇人以上もの研究者が来ることになりました。少ない人数での準備はなかなか大変でしたが、自分たちの研究の現場も見てもらえるし、それになにより私としては完成したばかりの温州萎縮病に関する研究を発表できます。それに、そのころにはもう世界中でカンキツのウイルス病の研究が進んできましたから、そういう人たちと議論するのも楽しみでした。会議では温州萎縮病ウイルスの、それまでに明らかにできた諸性質と、それになにより戻し接種をやり遂げたことを講演発表しました。インドから来た大先輩の研究者が、岸はいい研究をやったとほめてくれたのがとても嬉しかったのをいまでもありありと覚えています。

その後もう四〇年以上もたってしまいましたから、その間に学問も技術もどんどん進歩し、温州萎縮病の検定技術も精度の高い方法が次々と開発されました。そして私が作り上げたゴマ検定はもう使われなくなりました。しかし、いまのどんなに進歩した検定法にも、その基礎には必ず私がやった草本植物へのウイルスの取り出しと、その戻し接種による病原性の証明があるのです。そのことを思うと秘かな誇りが胸に湧くとともに、もう一つ、日高先生から厳しく指摘していただいたあの一言をとてもありがたく思い出します。その日高先生ももう故人になられました。学問の世界だけではなく、人間生活一般でも若い人たちに対して間違ったことは厳しく指摘してやることが年上の者の大きな責任だということを思っています。

研究は果てなく

以上で温州萎縮病を起こすパラサイトの話は終わりですが、もう一つこのパラサイトが意外に手強い忍者だということを話しておきましょう。

いままで話してきましたように、このウイルスはミカンの樹の中に潜んでいるだけでなく、イネや野菜のウイルスと同じように、草本植物の上まで引き出しました。そしてそこからさらにミカンに戻すこともできました。草本で増やしたウイルスを純化して電子顕微鏡で写真を撮り、三〇ミリミクロンの球状粒子だということもわかりました。

こんなになにもかもわかったのに、いまだにどうしてもわからないことがあります。このウイルスはミカン畑では速度は遅いのですが確実に周囲へ伝染していきます。病気の樹を抜いたあとへ新しい苗木を植えると必ず何年か後にまた発病してくるのでます。ですからなにかがウイルスを媒介しているはずなのですが、その媒介者がなんなのか、いまだにわからないのです。私のあと何人もの有能な若い研究者がこれを追究しているのですが、いまだにわかりません。なかなかしぶといパラサイトではありませんか。

メロンの奇病

メロン産地の憂鬱

戦後まだ間もないころの話です。

当時はまだメロンは庶民にはとても手の出せない貴重品でした。なにしろ米の飯だけはようやく十分に手に入るようになったものの、主食以外のものには、なかなか手が出せない時代だったのです。しかしそんな時代にも、病人のお見舞いとか大事な訪問先にはとびきり貴重なみやげ物をと考えるのが日本人の一般的な感覚でしたから、メロンというのはそんなときの格好の贈答品だったのです。いやむしろ贈答品の王様だったというべきでしょうか。それだけ値段も高く、贈った方ももらった方も格別のありがたみのあるものだったのです。

ですから、メロン栽培は、いまのようにどこの県にもあるというものではなく、それこそ静岡県のごく一部で、特殊技術と高い費用をかけて作った温室を持った人たちが、ボイラーを焚いて栽培していたものでした。場所はちょうど現在の袋井市、磐田市の南部から海岸方面に向かったいわゆる遠州地方といわれる一帯でした。そのメロンに奇病が広がってきたというのです。

　そのころ、私はまだ大学を出たての新人で、同じ静岡県の興津（おきつ）にあった園芸試験場で、病理の研究室員になったところでした。当時、研究室のメーンテーマは果樹の病気の研究でしたから、来る日も来る日も果樹園の中で、病原菌の胞子の飛んでくる量を調べたりしていました。広いナシ園の中に胞子採集器を仕掛けておき、朝一回りしてスライドグラスを集めてまわり、それを一日がかりで顕微鏡で調べるのです。空気中には埃も虫も、いろんなものが飛んでいて、胞子といっしょに何でもついてきますから、その中から目指す種類の菌の胞子だけを見つけ出して数えるのはなかなか大変な作業でした。

　しかし、一年間これを続けていると、一年の終わりごろには、目指す病原菌の胞子の飛ぶ

メロン

量が折れ線グラフではっきりと描かれてきて、その病気を防ぐのにとても有力なデータになるのでした。研究室には正式の研究員が三名いましたが、この人数で全国の園芸作物全体の病気の研究をカバーしようというのですから、どうしても重点をどこかに絞らざるを得ません。そのときの重点はナシとミカンでした。ですからメロンなどは研究の対象にはもちろん、研究室での話題にもならなかったのも無理はありません。メロンの奇病のことも、もちろんまったく知りませんでした。

ちょうどそのころ、国立の研究機関にかなり大きな組織替えがあり、それまで県へ出向していた研究者が国へ戻されることになりました。そして、それに伴って興津の試験場にも二つの野菜専門の研究室ができたのです。

そうなると方々の野菜生産地から各種の情報がもたらされます。その中でも特に病気の発生で困っている産地からは、こんなことで困っているからなんとかしてくれ、と相談に来ることになります。メロンの奇病のことはそんなふうにして持ち込まれた相談事でした。しかし、それでももう一つ関門があって、私の耳にはまだ届きません。奇病といってもそのときは病気ではなく養分欠乏症と見られていたからです。

養分欠乏症であれば、いくら病理の研究室で顕微鏡検査をしても、病原体がいないのですから見えるはずがないからです。しかし、野菜の研究室でいろいろ調べても原因がわかりません。そこで、やや持てあましぎみに、病気かもしれないから病理の研究室へということで舞い込んできた仕事でした。

そういわれても病理の研究室では当面のところ果樹の病気の研究が主で、野菜の研究を担当できる人がいません。あやうくうやむやになるところでしたが、そのときの上司が、私が大学時代にキュウリ炭疽病（たんそびょう）の研究を卒業論文にしていたことを思い出してくれて、「君、研究室の仕事をちゃんとこなしながらならやってもいいから、これを君が担当してみないか」といってくれました。さあこれは責任重大だ、と思いましたが、一方はじめて自分独自のテーマを持って研究できるよいチャンスですから、喜んで引き受けてしまいました。

いざ、メロン産地へ

早速、野菜の研究室の人たちによく話を聞いて見ました。それによるとどうやら遠州地方のメロン農家がだいぶ困っているということです。そしてメロン農家というのは、当時の貴重品であるマスクメロンを自分たちだけが作れる技術の持ち主ということで、なかなか鼻っ柱が強く誇り高い農民だということもわかってきました。これは新人に近い自分が独りで背負うにはなかなか重い荷物だなと思いましたが、同時に強くやりがいを感じ、秘かに胸を躍らせたのでした。

それにしても自分の眼でしっかりと見ないことにははじまりません。いまなら自分で車を運転して東名高速で一走りで行くところですが、そのころは車といえば試験場に一台しかないオート三輪車しかありませんし、そんな大事な車を若い者が独りで使うことなど思いも及びません。第一、オート三輪の行動範囲はせいぜい試験場から静岡市あたりまでで、遠州までなどとても無理でもありました。そんなわけで、当然のように、東海道本線の列車でとことこと、当時はまだ市になる前の袋井駅まで行きました。車窓から周囲を見ていると、袋井駅につく前から、田んぼの中のところどころにメロンの温室が見えてきました。問題の病気はこの中にあるのだなと思いながら、食い入るように見て通ったことを思い出します。

温室組合を訪ねて、組合長さんに会いましたが、相手はご自身でもベテランのメロン作りです。こんな若造に果たしてうまく解決できるのかなと、半信半疑でおられるのが手にとるようにわかります。しかしどんな大家が来ても物も見ないで原因も対処法もわかるはずもないし、たとえ物を見てもそれだけで判断できるはずはありません。ちゃんと物を見て実験を重ねてからでなければわからないはずですから、その意味では若造も大家も同列のはずです。よしここは粘り強く取り組むことできっと解決してみせよう、そして組合長に、思いのほかやるではないかと感心させてやろうと秘かにファイトを燃やしたものでした。

その日は、いまちょうど病気が激しく出ているところだという農家の温室に案内してもらい、はじめて奇病の様子をじかに見ることができました。なにしろマスクメロンが本格的に栽培されているところを見るのもはじめてですから、そのまた病気を見るのもはじめてです。

あらかじめ書物で勉強してきた知識からすると、その症状は既存の病気のどれにも当たりません。ただ似ているものはいろいろありました。病原としてはウイルスか、バクテリアか、糸状菌か三種を考えなければなりませんが、ウイルスだとすると、それまでの書物上の知識では常識の、ウイルス病に最も多いモザイク症状がまったくないのが気になります。バクテリアだとすると、葉の斑点や茎のえそ（壊疽）のところにバクテリアらしい浸潤状の症状があるはずですが、それも見えません。糸状菌すなわちカビの病気だとすると、これはつる枯病という病気とかなり似ています。しかし、いま目の前に出ている病気が全部つる枯病だとはとても思えません。というのは、つる枯病によく似た症状もあるし、まったく似てない症状もあるからです。

こうなればあまり予断を持たず、いろいろな症状のサンプルを採集して持ち帰り、顕微鏡検査をしたり菌の分離の試験をしたりしてみるべきです。その日は試料の採集と農家や組合の話を聞いて全体の様子を観察するのが目的でしたから、十分目的を達して帰りました。

カビかバクテリアかウイルスか

いちばん疑わしかったのは糸状菌病でしたから、持ち帰ったサンプルをルーペと顕微鏡でいろいろな角度から点検してみました。最初はどこかに胞子が見つからないかと調べたのですが、それこそどこを見ても胞子らしいものはありません。それなら病斑が若くてまだ胞子ができていないのかもしれないと思い、茎や葉で褐色の病斑になっているところを切片にして調べてみました。もし糸状菌が入っているなら、必ず組織の中に菌糸が見えるはずです。しかし、どんなに辛抱強く調べてもなにも見えません。こうなると糸状菌による病気の線は消さなければなりません。

この調査の間にもちろんバクテリアのことも念頭にありましたから、組織の中にバクテリアの姿がないかどうかも慎重に調べていました。でも、バクテリアの姿もどこにもありません。さあ、これでは一頓挫です。

これだけ調べてもなにも見つからないとすると、以前に疑われたという欠乏症に戻さなければいけないのかなということも頭を掠めます。しかし、それでは自分の目で見たときの直感、これはきっとなにかの病気に違いないと思った直感がどうしても引っかかり、納得できません。一方これからの調査をしながら他方では組織からの菌の分離試験もしておきましたが、五日たち七日たってもそれらしいものは出てきません。こうなると糸状菌もバクテリアも病原体探しの対象から外さなければなりません。そうなれば残るはただ一つ、最もそれらしくなかったウイルスの線に戻してみなければなりません。

頭を冷やして、この前見てきたメロン温室の様子を何回も頭の中に再現して考えてみました。そうするといままで調査の対象から外していた症状のことをありありと思い出しました。それはごく少数の株の新葉にときどき見えていた、針でついたような小さな斑点が無数に出ていた姿です。あれがどうも臭いぞ、もし、ウイルスだとすれば最も若い葉がポイントだし、あの小さな斑点はいかにも全身感染の症状のように見える、これはもしかするといままでに見たこともないウイルス病の症状かもしれない。よし、この線でもういっぺん洗い直してみようと思いました。

ウイルスだとすれば、まずなにより先に新しいメロンの苗に接種をして病徴の再現ができるかどうか、これをやってみなければなりません。そこで早速ポットと土をオートクレーヴで消毒し、そこへ表面消毒をした種子を播きつけました。そして一週間、一〇鉢ばかり播いたメロンがいっせいに芽を出してきました。そこでもう一度サンプルの採集です。今度はこの前訪ねて知り合いになった農家へ直接出かけて、この間からいままでやってきた調査の結果を率直に話して、今度はウイルスの線でもう一度調べたいからサンプルをくださいと頼み込みました。そのお宅ではそんなに丁寧に調査をしてくれるとはありがたい、どうぞ遠慮なくサンプルを採集してくださいと快く応じてくれました。

今度は二度目の採集ですし、この間にいろいろな角度から調査をしてあったので、どんな部分をどのくらいとればよいかわかりましたから、対象は三種類に絞り、確実な資料を適量ずつ取りました。一つは茎の上の方の針でついたような斑点を出した新葉、次にはもっと古い葉で、葉脈に沿って大きく入り込んでいる楔形の病斑のところです。もう一つは茎の下の方に出ていた褐色の斑紋のところを取りました。これを持ち帰って、翌日は早速接種です。

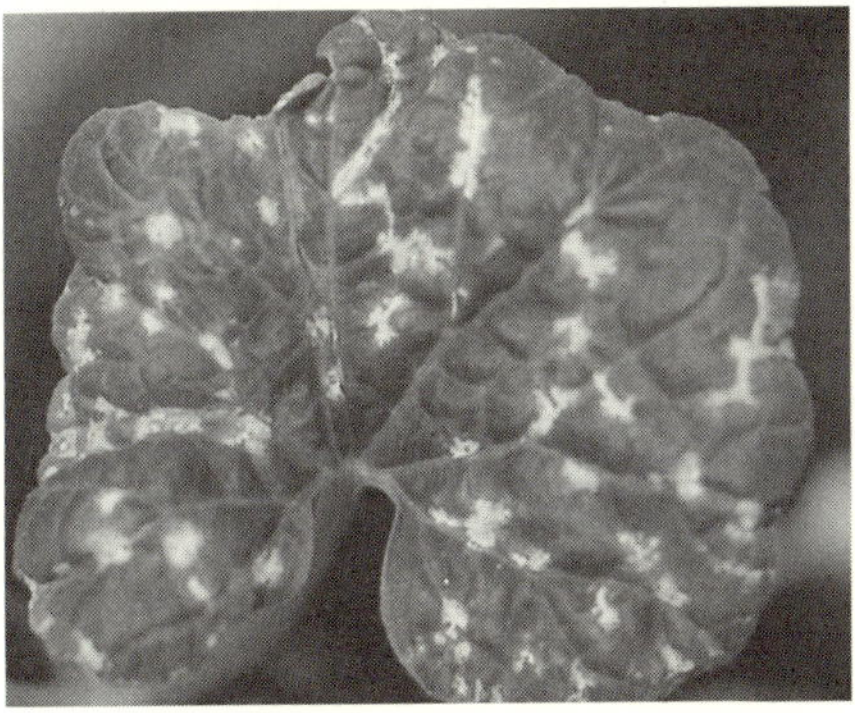

えそ斑点病にかかったメロンの葉

接種はもちろん三種のサンプルについて別々におこないました。乳鉢にサンプルを細かく切って入れ、中性の緩衝液を少量加えて乳棒でよくすりつぶします。そうすると緑色の汁液ができますから、これを脱脂綿に含ませて、あらかじめカーボランダムの粉を振り掛けておいたメロンの苗、ちょうど子葉が開ききったところがよいのですが、その上を脱脂綿で軽くこすってやります。そしてすぐに水道水を入れた如雨露(じょうろ)で水をかけておきます。

これでウイルスの接種はできたわけですが、このときは三種類のサンプルを別々にそれぞれ三鉢ずつ、一鉢に五本の苗が生えている鉢を使いました。

この接種のときにカーボランダムの粉を使うのは、ウイルスが入り込みやすいように目に見えないような小さな傷をつけるためです。また接種の後すぐに水で洗い流すのは、汁液を洗い流すためです。これをやらないと表面が乾くときに葉の中の水分を吸い出されて葉が枯れてしまうからです。せっかくつけたウイルスが流されてしまいそうですが心配はいりません。ウイルスはこすったときに瞬時に入ってしまうのです。

さて、こうして接種した結果はどうなったでしょうか。

四、五日目になると、とてつもなくおもしろい結果が現れはじめました。三種類のサンプルを接種したどの鉢も、五本が五本とも見事に発病してきました。発病といってもまだ症状は本物とは似ても似つかないのですが、とにかく発病です。どんなふうになったかといいますと、子葉に黄褐色の円い斑点が五個から一〇個ぐらいずつ出てきました。ウイルス病の方でいう局所病斑、ローカルレジョンというものです。それに違いないと考えました。しかしはじめはそれでも心配でしたから、その葉を摘んでもう一度新しい苗に接種してみました。もし、これでまた同じように局所病斑が出れば、先の斑点のところにウイルスが増えていたことになります。

その結果は期待どおりでした。最初よりずっと多くの斑点が出て、ひどい葉はそのために枯れ上がるほどでした。そして、それよりも大事だったのは、これらの試験をしているうちに日にちがたって、最初に接種した方の苗に、全株ではありませんが三、四枚の本葉のところどころに、現地で出ていたのと同じような斑点やえそが出はじめたのでした。こうなればもうしめたものです。はっきりと汁液伝染性のものであることが証明されました。この手法で、汁液伝染性であればまず間違いなくウイルス性といってよいのです。

メロンのウイルスの素顔を追って

こんなことをしているうちにおよそ一カ月がたちました。一カ月間の成果はいままでわからなかった奇病の原因がウイルスであることがはっきりしたという、思いもかけない上首尾になったのですが、しかし考えてみれば、これはまだまだ序の口で、やらなければならないことは山積していました。このあと何をしなければならないかと考えていると、自分独りの片手間仕事でできるかどうかわかりませんが、頭の中には次々と計画が浮かんできました。

まず第一に必要なことは、このウイルスの伝染方法を明らかにすることです。それに現地で見たいろいろなタイプの症状が、みなこの未知のウイルス単独で起こっていることなのかということもはっきりさせなければなりません。それに防除と直接関係はありませんが、このウイルスがどんな形のウイルスなのか、これにも非常に興味があります。これがわからないと世界に向けて発表することができません。こういう新しい病原体については、見つけた者ができるだけ完全な情報にして世界に向けて発表するのが義務なのです。そうしておけば今後どこかで新しくこの病気が出たとき、その文献を調べれば同じ苦労をしなくてもすぐ対策が取れるからです。そんなふうに考えてくると、やりたいことややらなければならないことが頭の中を駆け巡るような気分でした。

慌てても仕方がないので、まず時間配分を考えて、昼間のうちは上司との約束どおり、今までかかわってきた果樹の病気の研究のことを手を抜かずにやろう、そして、その上で夕方からの時間を目一杯このメロンのウイルスの研究に使おう、そんなふうに考えてこれから取り組んでゆくことにしました。そうなればできるだけやりやすいことから片付けてゆく必要があります。

まず手はじめは、いろいろな症状がみなこのウイルスによるのかどうかということです。これは割合簡単で、すでに三種類の病徴についてはは調べてあって、だいたい見当はついていましたから、あとは農家の人の意見も聞いて、こういうものも調べてほしいというのも入れて調べることにしました。小さなポットを何十も使ってメロンの種子を播き、少し伸びたころに袋井まで出かけてサンプルをとり、せっせと接種試験をやりました。

そうしてわかってきたことは、このウイルスはモザイク性のウイルスと違ってメロンの全身に広がっていないらしいということでした。確かにえその出ているところからは必ずウイルスが検出できるのですが、同じ株でも症状のない緑色をした部分からはウイルスが検出されません。でもその葉の上の方に症状のある葉があれば、そこからはちゃんとウイルスが高濃度に検出されてきます。ですからこれは発病株、こちらは無発病株というのを決めるのがとてもむずかしいこともわかりました。

ウイルスの伝染法

その次は大事な伝染法の実験です。アブラムシを使って何回も伝染の試験を繰り返しましたが、とうとう一度もプラスの結果が出ませんでした。結局アブラムシでは移らないという結論を出しました。そうなると発病株から人の手や体の接触で隣の株に汁液伝染する可能性があることはわかりますが、何もないところに発病してくるのはどこから来るのか、それがわかりません。何回も通っているうちに親しくなった農家の人や組合の人と話し合ったり、また、独りでじっと状況を考えたりしているうちに、どうもいちばん怪しいのは種子ではないかと考えるようになりました。

もし種子で伝染するとすれば、いろいろなことがみな納得がいきます。これはひとつ種子を調べよう、そう考えました。親しくなった農家に頼んで確実に病気になっている株を選んで、それに実った果実を貰い受けました。そして大事に持ち帰って果実のいろいろな部分からウイルスの検出をしてみました。十分発病していた株だけに、軸からも、果皮からも、果肉からもウイルスが出ました。いよいよ種子ですが種皮からはウイルスが取れました。さすがに種子の内部からは取れませんでしたが、種皮から取れただけでも種子伝染の可能性はありそうです。最後はその種子を播いてそれから出た苗に発病してくるかどうかを見なければ、なんともいえませんが、それをやってみる価値が十分あることがはっきりしました。

いよいよ種子伝染の試験です。ポットも土も慎重に蒸気消毒をして準備しました。そして病果から取った種子を播き込みました。一週間、二週間と待つうちに一本また一本と発病してきました。結局このときの実験では一〇パーセントを超す発病率でした。これはウイルスの種子伝染率としては決して低くない発病率です。これでいよいよこの新しいウイルスの伝染環が解明できたことになりました。

実は、この数年後、大きな点で私のこの一連の実験結果には重大な疑問が出ることになるのですが、神ならぬ身、このときにはなんら疑いも持たず、意気揚揚と学会発表をしたのでした。まず遠州地方で発生していた地方名で「点々病」と呼ばれていた奇病の原因は新しいウイルスであったこと、このウイルスは現在までに内外で発表されていたウイルスの中に該当するものが見当たらないこと、したがってこのウイルスをここに新しく「メロンえそ斑点ウイルス melon necrotic spot virus (MNSV)」と呼び、病名をメロンえそ斑点病と命名すること、などを発表しました。そして、このウイルスはアブラムシ伝染はせず、種子伝染することも発表したのでした。さらにこのあと、いまは故人になってしまいましたが、私の大学時代のクラスメートだった斎藤康夫君と共同で、このウイルスの形が径三〇ミリミクロンの球状粒子であることも発表し一段落しました。

その当時でも現在名前がつけられているウイルスの大部分はすでに発見されていて、まったく新しいウイルスが発見されるというのはごくめずらしいことでしたから、この発見は、そのときはそれほど注目されなかったものの、いまになってみるとずいぶん大きな意味があったのです。というのは、このウイルスはその後世界の各地で発生が報告され、現在ではアメリカでもヨーロッパ各国でもメロンの重要病害になってきているからです。

しかし、こういう世界的に広がるようなウイルスがなぜ最初に日本で発生したのでしょうか、それはいまだに謎です。しかし、少なくとも日本にとってメロンは、比較的新しく海外から導入された作物ですから、かつて中国大陸やアメリカから導入されたときにいっしょに入ってきたに違いありません。それもメロンは宿主、ウイルスはそれにつくパラサイトですから、パラサイトだけが単独で入ってくることは考えられず、当然メロンといっしょに入ってきたに違いないのです。

意外な結末

自分にとって驚天動地ともいうべきどんでん返しがあったのはそれからわずか一年あまり後のことでした。やっと一人前に独自のテーマをもらって実験し、思いのほかによい結果が出て、学会で報告もし、学会報に論文も書いたところなのに、その研究の中の重要なポイントである伝染法のところが否定されそうなことになったのです。自分でも一連の研究の中で、土壌伝染の可能性も考えて試験はしたのですが、そのときはまったく発病しなかったので、あっさりと土壌伝染はしないと結論を出してしまったのでした。

ところが、一年後の学会で、このウイルスは土壌伝染性であるという見事な証明をした成績が発表されたのです。しかも、おまけに媒介者がオルピジュウムという土壌棲息性の菌類であるということまで明らかにされました。自分があっさりとあきらめていたところをひっくり返されたという、虚を突かれた驚きもありましたが、それよりも重大だったのは、自分が自信を持って発表した種子伝染するという結論があやうくなってきたということでした。

このころのウイルス学の常識で、種子伝染するウイルスは土壌伝染せず、土壌伝染するウイルスは種子伝染しないという強い相関があることがわかっていました。絶対の法則ではありませんが、世界の多数の研究者がいろいろなウイルスで独立に研究した結果が、そういう傾向になっているというのは重い事実でした。そうなると、自分のやった実験のどこかに穴があったのかと、なんだかかなり自信が揺らいできました。それからというもの毎日毎日頭の中にそのことが浮かんできて、落ち着きません。そのころはもう転任して研究対象も変わっていましたが、暇ができるとつい頭がそこへいってしまいます。よくよく考えているうちにはっと気がついたことがありました。それはごく単純なことでした。灌水の水に問題があったと思いついたのです。

こういうことです。

オルピジュウムという菌は、土壌中に棲み、ふだんは植物の根に寄生して生活していますが、増殖するためには体のほとんどを構成している胞子体が発芽し、遊走子（ゆうそうし）というものを出して水の中を遊泳します。そうして新しい根があるとそこで侵入してその根に寄生します。そのときこのウイルスの発病地では、発病株の根が土中に残り、根の中のウイルスを持った胞子体が発芽し、ウイルスを持った遊走子を出して、これが新しい根に侵入したときウイルスの感染を起こすというわけです。

あとからいろいろわかったことですが、やっかいなことにこの菌はごく普通の水の中とか田んぼの土の中とかにいくらでも棲んでいるということです。そういう知識も情報もまったくなかったときでしたから、私はポットと土は十分消毒したのですが、灌水用の水にはまったく注意を払わなかったのです。水道水や温室の中の水槽の水を、なんの疑いも持たずに使っていましたから、その中にはオルピジュウム菌がいたに違いありません。そうなると私の実験で、十数パーセント発病したというのは、ウイルスは確かに種子についていたのですが、そのウイルスが直接感染して発病したのではなく、知らずに使った灌水の水の中にいたオルピジュウムの遊走子が、一旦そのウイルスを吸着し、その形でメロンの根に感染し、ウイルスを移した可能性があったのです。

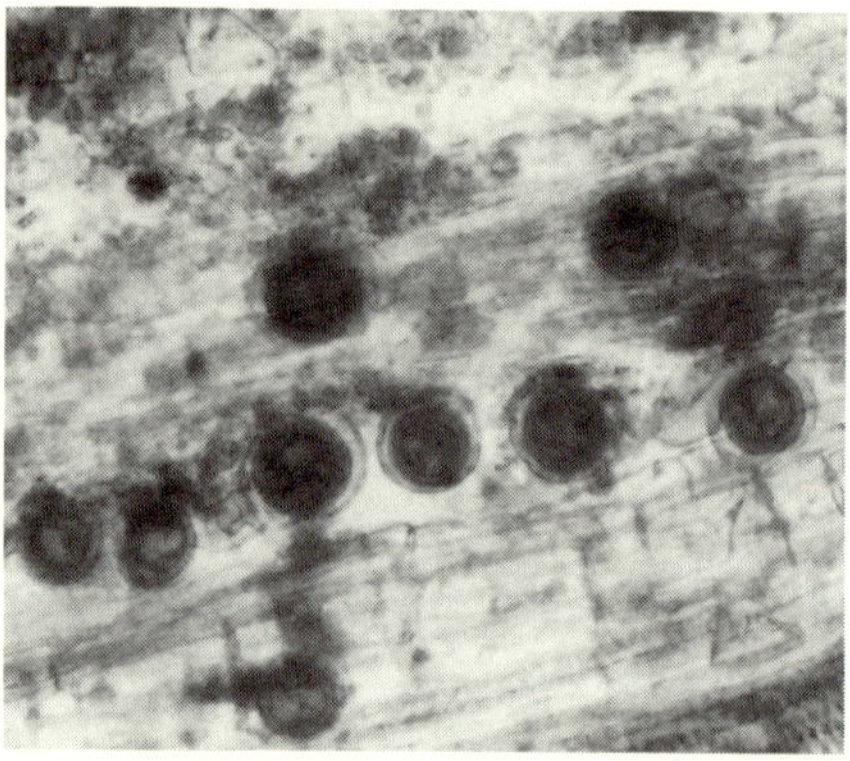

メロンの根の中のオルピジュウム菌

実験というのはたとえこのようなことがあっても、同じ実験をもう一度正確に再現することはできません。この場合もしそれができたとしても、証明できるのは自分のやった実験の結果が誤りだったことを証明できるだけです。一つの事実に対して、以前の研究者の結果を覆すような結果が得られ、ほかの人が発表した場合、その両方を並べて後者の結果が正しければ、前者の結論は否定され、後者の結論が正しいものとして残るのは当然です。そういうことが積み重なって科学は進歩するのですから、私もこのことに関してはまさに敗者となって兜を脱いだのでした。

真実を求める道のり

しかしこのことには、こんな二つの後日談がありました。その中の一つは、土壌伝染を証明した研究者の中の一人古木市重郎さんという人が、静岡県の試験場の方でしたが、その後さらに詳しい試験をされて、このウイルスが遠方の処女地にいって発生するときは、ウイルスは必ず種子について運ばれる。そしてその地にオルピジュウムがいたときには発病する。どんなにオルピジュウムがたくさん棲んでいても、ウイルスフリーの種子が播かれたのでは発病しない。だからこのウイルスは種子伝搬―土壌伝染だというのです。だから岸さんの結果は半分は正しかったんだと慰めてくれるのですが、これにはなんともほろ苦い思いをしたものでした。

それからもう一つは、五年程前、名古屋で種子伝染病の国際シンポジウムが開かれたときのことでした。インドの研究者が堂々とこのウイルスを種子伝染ウイルスとして発表しているのです。不審に思って質問しましたら、なにを言うんだという顔で、君は二年前のアメリカの植物病理学会報（Phytopathology）を見たか、そこにはこのウイルスがオルピジュウムとは無関係に、純粋な意味での種子伝染をするということが証明されているというのです。

残念ながら見ていなかったので、帰ってすぐ点検しましたら、確かにかなり大掛かりな実験で、オルピジュウムを完全にシャットアウトした実験をおこない、低率ながら感染が起こったという研究報告が載っていました。私が最初にこのウイルスを発見し報告してから、もう四〇年以上もたったのに、いまだにこうしてこのウイルスの伝染問題を研究している人がいることに深い感慨を抱いたものでした。

結局、これらすべてのことを総合して考えてみますと、誰が勝って誰が負けたというようなことではなく、自然界に起こる現象を解明するためには、人間の力はまだまだ限られたものであり、世界中で何人もの人が、何年もかかって研究しても、やっと厚いベールの半分ぐらいをはがすことができるだけなのだなということをしみじみ考えさせられてしまいました。パラサイトたちはなかなかしたたかで、なんとかしてその正体をすっかり明らかにしたいと思うのに、どうしても隅々までは本当の姿を見せてくれないのです。

カキの木を裸にするパラサイト

カキの葉の早過ぎる落葉は

陶工柿右衛門は、庭のカキの実の紅い色を焼き物の上に再現しようと長い間工夫を重ね、ついにその色を出すのに成功し、その技法がいまに伝わっているといわれています。

ところで秋になってカキの実がたわわに実り、きれいに色づいて眼を楽しませてくれるのは昔もいまも変わりません。またこれは九州から東北までどこでも見られる、日本の農村の秋の風物詩になっています。しかし、たいていの人は、美しいカキの実の色に気を取られ、なぜあれほど実だけが目立つのか疑ってみたことはないでしょう。しかしカキの実があれほど目立つのには隠れたわけがあるのです。

カキには二種類の落葉病があります。一つは円星落葉病、もう一つは角斑落葉病といいま

円星落葉病にかかり裸になったカキの木

す。円星というのはその名のとおり円形の黒い病斑を作るもので、黒い病斑の周囲は黄変し、ときには紅色に変わり、こういう病斑が一枚に一〇個もできた葉は、秋が深まる前に葉全体が紅葉し、葉柄の根元に離層ができて風が吹くとバラバラと落ちてしまいます。一〇月末ころに実だけを残して葉が落ちてしまうのはたいがいこの病気が原因です。

　もう一種の角斑落葉病もこれとよく似ていて、ただ病斑が円形でなく葉脈に囲まれた角形をしているところだけが違っていますが、こちらもやはり病斑が多数できると葉は次々と落ちてしまいます。

円星落葉病菌の不思議な一生

　両方とも特有のパラサイトがついてそれが原因で病気になるのですが、ではこのパラサイトたちはどんな生活をしているのでしょうか。昔はこのパラサイトたちの生活ぶりがよくわからなくて防除がうまくできませんでした。しかし、いろいろ調べているうちに両方がまったく違う生活ぶりをしていることがわかってきました。

円星の方は病斑の上をいくら調べても、いつになっても何にも胞子を作ってこないのです。それに対して角斑の方は病斑の裏に細長い形の胞子が夏の間にたくさんできることがわかり、これを目当てに防除すればよいことが明らかになりました。

円星落葉病にかかり、
早期に落ちて積もったカキの落ち葉

一方円星の方は曲者でした。葉が木にある間はいつになってもなにもできないのでした。しかし、昔、岡山県に非常に辛抱強い研究者がいて、あるときとうとうその尻尾を捕まえました。尻尾を出していたのは草むらの中の落ち葉でした。それも春になってからの落ち葉です。もうすっかり白っぽくなった落ち葉の病斑のあとに黒い点々がたくさん見つかりました。この点々を顕微鏡の下でつぶしてみると、すっかり成熟したこの菌の完全世代ができていたのです。完全世代というのはパラ

角斑落葉病にかかったカキの葉

サイトたちの一生を表すときの用語ですが、パラサイトの中にはなかなか高級で、普通の植物が種子を作るときと同じように一度減数分裂をし、その結果作られる子のう胞子という特殊な胞子を作るものがあります。円星病を起こすパラサイトはまさにそれでした。その胞子というのは球形の殻の中に子のうという細長い袋が何十本とでき、その袋の中には必ず八個の胞子ができています。この必ず八個というところがミソで、はじめ一個だった細胞が三回分裂し、一個から二個、二個から四個、四個から八個になるのですが、四個になるときの分裂が減数分裂です。減数分裂をするというのは生物学的には雄と雌ができるのと同じ意味があるわけです。こうしてできる子のう胞子はおもしろいことに時期が来ると、自分の力でぴょんぴょんと跳び出し、風に乗って遠くまで飛んでいくのです。

　これに対してもっと普通の胞子の方はこんな面倒な経過はとらず、菌糸の先がちぎれてできるような出来方をします。ですからこちらはちょうど孫悟空が自分の毛を引き抜いてはふっと吹いて自分と同じ姿の猿を作るのと同じようなものです。角斑落葉病の胞子はこの出来方で作られます。こちらは簡単な出来方ですから夏の間にどんどんでき、伝染を繰り返すことができるわけです。ところが円星の方は、夏の間にはなにも胞子ができない代わりに、冬の間にじっくりと成熟し、その間にこういう面倒な経過をたどり、ちょっと高級な胞子を作るわけです。われわれが知らないうちに彼らはこうして周到に来年の伝染の準備をしていたのです。これでは秋のうちにいくら見つけてもわからなかったわけです。

富有柿や次郎柿、会津実不知など、高く売れるカキをたくさん栽培している農家では、こんなパラサイトにやられて実ができなくなっては大変ですから、毎年しっかりと防除をしていますが、パラサイトたちはそんなところは敬遠して、代わりに庭の隅に立っている大きな渋柿などで悠々と生きています。そして秋になると例の斑点をたくさん出しては早々と紅葉させ、あの実だけが紅く残る日本独特の秋の情景を演出しているのです。

カキの果実

3部

不思議な共生の世界

サクラの巨木に頼るパラサイト

神奈川県の平塚市に園芸試験場という果樹や野菜の研究をする試験場があったころのことです。

試験場の門を入ったところに大きなサクラの老木が数本あり、毎年春になると、文字どおり万朶(ばんだ)のサクラの姿を見せてくれていました。特にその中の一本は巨大な老木で、枝の先が地面すれすれになるほど垂れ下がり、花の時期にはそれはそれは見事なものでした。

そのころ、モモやスモモのウイルス病の研究をしていた私と研究室のメンバーは、同じバラ科植物の仲間で核果類でもあるサクラも研究の射程範囲に入れていました。そして国内や海外の研究論文を幅広く調べていましたが、その中に、ヨーロッパの研究者が、サクラからキュウリモザイクウイルスというウイルスを検出したという論文があることを知りました。

そのころはモモやスモモのウイルス病の研究の方が中心でしたので、すぐにサクラにまで手を伸ばす気はなかったのですが、その情報は妙に頭の隅にこびりつきました。

発想はツユクサのウイルス病から

試験場はかつて海軍の火薬廠（かやくしょう）があったところで、広さが四〇ヘクタール以上もある広大なものでした。試験場がつくば市に移転したあとは野球場や公園などになっていますが、当時その中の大部分は果樹園になっていて、モモやウメ、スモモ、ナシ、クリ、カキなどが行儀よく植えられていました。そして木と木の間には広い間隔があり、そこには草が生えているのですが、いつも機械でよく刈られ、きれいに管理されていました。

おもしろいことに春になるとその草の中にはたくさんのツユクサの実生（みしょう）が生えてきました。ツユクサの実生はユリの芽生えによく似ていて、筒状になった葉をすっと伸ばすのでよくわかります。ある年のことそのツユクサをよく注意して見ていると妙なことに気がつきました。ある時期になるとツユクサの実生の中のかなりのものが、ほとんどいっせいにウイルスにかかり、モザイク症状を出してくるのです。このウイルスはツユクサにとっては一種のパラサイトで、彼らにとってもそんなに気持ちのよいものではないはずですが、それより作物を作る人の立場からすると、野菜や花のウイルス病の感染源になるわけで、ありがたくないのです。

気になるので、ツユクサのウイルスの種類を決める検定をしてみたところ、かかっているウイルスは、すべてキュウリモザイクウイルスだということがわかりました。キュウリモザイクウイルスというウイルスは世界中に分布していて多くの作物に被害を与えていますが、おもしろいことにどの作物の上でも種子伝染することはありません。ですから、もちろんツユクサの上でも種子伝染することはないはずです。それなのに果物畑の間の草の中のツユクサがなぜこんなにキュウリモザイクウイルスにかかるのか不思議だなあと思っていました。そして、あるときこんなことを考えました。もしも、樹木がこのウイルスにかかっていて、春先にアブラムシがいっせいに飛び出したら、こんなことも起きるかもしれない、と。当時、果樹という樹木のウイルスのことがいつも頭の中を占めていたので、とっさにこんなことが頭に浮かんだのでしょう。

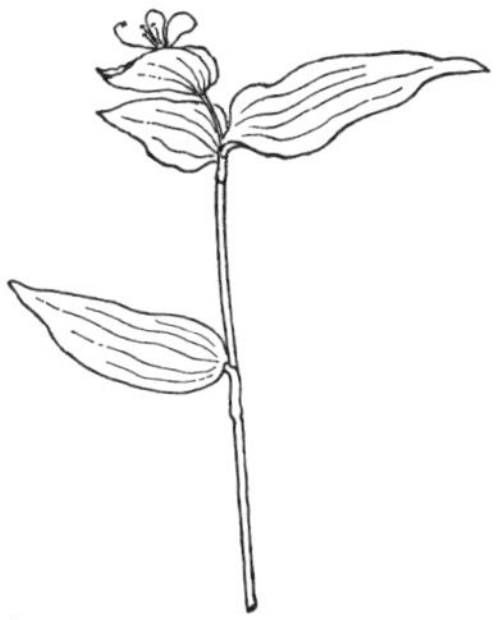
ツユクサ

これは確かめてみよう、そう思ったとき頭に浮かんだのが文献で読んだヨーロッパのサクラの例でした。

日本には、ヨーロッパやアメリカよりよっぽど多くのサクラの樹があります。染井吉野桜は公園という公園にはどこにでも、また運動場や学校、公共の施設のまわり、川の土手などいたるところに植えられています。一方、山へ行けば、里山にも奥山にも山桜がたくさんあります。もしこのサクラの何パーセントかにキュウリモザイクウイルスが入っていたらどうなるだろう、ヨーロッパで起こっているのと同じことが日本でも起こっているかもしれない、調べてみようと思いました。

アブラムシを使ってウイルスを取り出す

害虫学の専門書を見ると、モモアカアブラムシは越冬のときバラ科植物、特にサクラやモモ、スモモなどの芽のところに集まり、そこで越冬して、翌春、暖かくなると有翅虫となって飛び出し、その年の繁殖のもとになるということです。モモアカアブラムシは野菜や花のウイルスを伝搬する最も有力なアブラムシですから、このアブラムシを使ってウイルスの取り出しをやってみよう、もしこれで取り出すことができればおもしろいぞ、と考えたのです。

そこで網室の中で飼っていたウイルスを持たないモモアカアブラムシを使い、サクラの新芽からアブラムシを使って伝搬試験をすることにしました。つける相手はウイルスにとびきり弱いものでないといけませんから、その材料には、シカゴピックリングというアメリカのキュウリを使うことにしました。これは日本の品種と違ってウイルスに非常に敏感なもので、果樹のウイルスの試験にいつも使っているものでした。この種子を一晩水につけ十分水を吸わせてから温室の中で播くと、四、五日目には双葉にちょっと本葉が覗いたくらいの苗ができました。さあこれで準備完了です。

花が終わってすぐあとの枝から新芽が開きはじめたばかりの小枝を切って来てビーカーに挿し、用意したアブラムシを二、三〇頭、水でぬらした筆の穂先でサクラの若い葉につけてやりました。それから二時間、アブラムシたちの様子を見ていると居心地が悪そうに歩き回るのやすぐ吸い付くのやいろいろでしたが、大体どれもこれも一度や二度は吸い付いたようでした。サクラが果たしてウイルスを持っているのかどうかわからないのですから、半信半疑でしたが、予定の二時間できり上げさせることにし、今度はこのアブラムシをキュウリ苗一本に五頭ずつ、五本の苗につけました。一晩温室においてあとはアブラムシを除いてやり、キュウリの育つのを待ちました。

毎日そっと覗いていると、それからちょうど一週間目、五本の中の三本にはっきりとした変化が現れました。伸びてきた新芽が黄色くなり、葉の先がくるりと曲がっています。これはもうウイルスにかかっている証拠です。そして日がたつにつれて症状はますますひどくなり、もう疑う余地がなくなりました。あとはそこに取り出されたウイルスの同定をすればよいわけです。

同定してみると明らかにキュウリモザイクウイルスであることが証明されました。これだけでは、ツユクサがかかっていたキュウリモザイクウイルスとつながりがあるかどうかはわからないのですが、少なくともサクラに取りついたキュウリモザイクウイルスがアブラムシによって運び出され、草本植物につくことまでは証明できたのです。

パラサイトの生き残り戦略

こうしてみていろいろなことを考えさせられました。

一体このウイルスはサクラの樹の中でなにをしていたのだろう。サクラにはなんの症状もないし、生育も少しも悪くありません。それどころか六、七〇年生ですから、これだけの期間ずっと正常に育ってきたのです。

しかし、このとき取り出されたキュウリモザイクウイルスは、キュウリの上では病原性が強く、これにかかったキュウリは新芽がモザイク症状を出し、萎縮してひどい症状になりました。トマトにつけてみても同様にひどい症状になりました。ですから、こうして一度サクラから外に出たウイルスはそこらの野菜畑に跋扈(ばっこ)しているウイルスとまったく同じだったのです。

草本植物の上ではこんなにひどい症状を出すのに、これが取り出されたサクラはなにも症状はなく、毎年きれいな花を咲かせ、われわれに見せてくれます。ということは、サクラはこのウイルスを体内に持っていても痛くも痒くもないのでしょうか。サクラにとってもキュウリにとってもこのキュウリモザイクウイルスはパラサイトですが、キュウリはこのパラサイトに取りつかれると青息吐息なのに、サクラは少なくとも外見上はなんともないように見えるのです。

それでは、今度はパラサイトの立場になって、この現象の説明を考えてみると、どうなるでしょう。

キュウリやトマトの上に出てきたパラサイトは、確かにそこで十分繁殖できます。でも冬になったらどうでしょう。キュウリもトマトも霜や雪がくればひとたまりもなく枯れてしまいます。ところで植物のウイルスにはごく稀に土の中で生き残るものもありますが、普通は生きた植物の中でしか生き残ることができません。ここで問題にしているキュウリモザイクウイルスももちろんこの類です。パラサイトとしては、生き延びるためにはなんとかして冬でも枯れないものを探してそこに飛び移らなければなりません。しかし、悲しいことにウイルスというパラサイトは自分の力だけでは飛び移ることはできません。アブラムシによって運んでもらわなければどうにもならないのです。まるでイソップ物語に出てくるキリギリスのように、夏の間は散々猛威を振るってきた彼らも、冬になって頼りにしてきた宿主が枯れれば、宿主と運命をともにしなければならないのです。

それでも、このキュウリモザイクウイルスというパラサイトは寄主範囲が広く、宿根性の雑草などの上で冬越しすることがわかっていますが、寄生する植物の種類の少ないパラサイトは生き延びるだけでも苦労が多いのです。

しかし、サクラの上ではどうでしょう。

一度サクラに入ったパラサイトは、その樹が枯れてしまうまでは何年でも何十年でもぬくぬくと生きていけます。彼らにとってこんなよいところはありません。そして春になると、ときにはアブラムシが来て運んでくれて、キュウリやトマトの上へ散歩としゃれ込むこともできるわけです。こんなふうに考えてみると、案外植物につくウイルスの故郷は樹木なのではないだろうか、そんなふうにも思えてきます。

樹木とウイルスの程よい関係

私は一〇年以上、果樹につくウイルスの研究をしてきましたので、その間に樹木とウイルスとの関係について、野菜や花のウイルスとはまったく違った側面のあることを痛感してきました。

どんなことかといいますと、たとえば日本では、モモには一〇種類近くのウイルスがつくことが知られていますが、その中で一種だけでひどい症状を出すウイルスは二種類しかありません。あとのウイルスは一種だけなら樹体内に入っていてもモモは平気で、毎年おいしい果実をつけてくれます。中には花粉で運ばれて感染するウイルスもあって、それの存在を証明したときには、大事な花粉がウイルスを運んでくるなんて、これではモモも大変だなと思ったものですが、何年も見ていると、モモの樹は感染した初年目だけは葉に小さい穴が開いたり、その影響で落葉したりするのですが、二年目以降はなにもなかったように葉も枝も元気に伸び、果実もほかの樹と同じようにつけるのです。しかも、モモの樹の体内にはウイルスが元気に存在したままなのです。

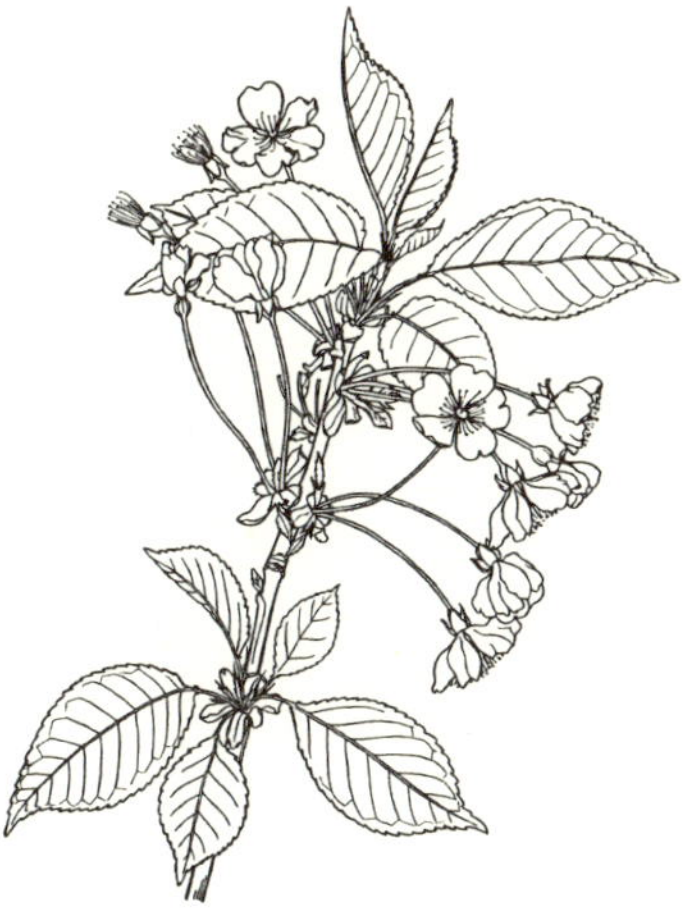
サクラの花

こんな姿を見ると樹木というのは元来ウイルスには強いものなんだなということをつくづく考えさせられました。そして染井吉野桜もきっとこれと同じなんだろう、もしかしたら自然界にはこのサクラとキュウリモザイクウイルスの関係のような、あるいはモモと症状の軽い数種のウイルスとの関係のようなことがもっともっとあるのかもしれない、いつか宮勤めが終わったら、こんな植物とパラサイトの関係のことをゆっくりと探ってみたい、そんなことを考えてきました。

ただ一方では、これは植物とパラサイトとの秘かな関係なのだから、いまのところあまり暴かなくてもいいのかもしれない、そんなふうにも思っているところです。

シバとヘクソカズラの密約

シバとさび病

ヘクソカズラという植物をご存じでしょうか。植物によっては身分不相応なほどきれいな名前をつけられているものもあるのに、ヘクソカズラとはまたずいぶんひどい名前をつけられたものです。確かにこのつる草は、引き抜こうとしてもなかなか抜けず、やっと抜いたあとは手に嫌なにおいが残り閉口するものです。でも、秋口に咲く口紅つきの小さな花や金色にきらきら光る小球状の実は、秋の風情の演出者としてなかなか捨てがたいものです。さてこのヘクソカズラがゴルフ場や庭園に植えられているシバとの間に秘かに密約を結んでいると聞いたら驚かれるかもしれません。

シバにはさび病といって葉に小さな斑点を作る病気がありますが、病気といってもこれによってシバが枯れるわけでもなく、相手はシバですからまあ大したことはありません。夏の終わりごろゴルフ場へ行くと、一日プレーしたあとゴルフシューズが黄色くなっていることがありますが、あれはフェアウェーの高麗芝にこのさび病が出ていたのです。黄色くつくのはさび病菌というパラサイトの胞子で、あの広いゴルフ場のシバの葉に、靴が黄色く染まるほどできるのですから大変な量の胞子ができるわけです。

シバのさび病

　日本にある高麗芝や野芝は元来野生のもので、海岸の岩の間とか山の上の樹のない開けたところとかに細々とした群落を作っています。いま普通に芝生として使われているきれいなシバも、もとはといえばこういう野生のシバがおおもとです。もっとも阿蘇山の草千里のような広い草地には昔から野芝が広面積にあったようですが、むしろこれは特殊な例でした。シバさび病菌というパラサイトはそんな時代、すなわちシバの小さな群落がところどころにしかなかったような時代から、シバといっしょに生活してきました。ですからパラサイトが毎年毎年、命を永らえるにはなかなか苦労があったはずでした。

ところがどういうわけかこのパラサイトは、私たちから見るとなぜこんなに複雑な経路をたどって生活するのだろうと思うような道をたどって生きています。それが「シバとヘクソカズラの密約」に深く関係しているのです。

さび病菌の生活

このパラサイトは夏の間は夏胞子といって、ゴルフシューズについてくる黄色い色の粉のような胞子を作り、これを飛ばしては次々と伝染を繰り返します。ところが秋になって気温が下がってくると、同じ葉に今度は黒い色の小さな斑点を作ってきます。これは冬胞子層といって冬に向かって作られる丈夫な冬胞子の塊です。シバは冬には葉が枯れますが、この冬胞子は枯葉の上でじっと生きています。そうして春になって暖かい雨が降るようになると発芽して小生子（しょうせいし）という小さな透き通った胞子を作ります。小生子は春の風に乗ってどんどん飛び立っていきますが、さてどこへ到達するでしょう。なにしろまったくの風任せですからどこへ行くかわかりません。そこらの草の葉や木の枝など、ときには土の上に落ちてしまうものもあるでしょう。もしも小生子に耳と口があるなら聞いてみたいものです。聞かれれば小生子はこんなふうに答えるかもしれません、僕たちはなんとかしてヘクソカズラの葉の上へ

ヘクソカズラのさび病

落ちたいのですと。そうです、ここでヘクソカズラが登場するのです。なんと、不思議なことにこのパラサイトは、今度はシバとは縁もゆかりもないヘクソカズラなどという植物に寄生するのです。

　さっきの無色透明の小さな小生子が、もし運よくヘクソカズラの新しい葉の上に落ちることができれば、そこで発芽してするすると葉の組織の中へ入って行きます。そして次には、そこでしっかり繁殖して小指の先くらいの、みずみずしい黄色の斑点を作ります。ここからがまたややこしいのですが、この斑点はパラサイトの精子殻というもので、しばらくするとその表面はまるで蜜でも塗ったようにきらきら光りはじめます。よく見ると本当に蜜が出て盛り上がっていて、指で触って舐めてみると間違いなく甘い蜜です。この甘さで昆虫を誘っているのでしょう、こうして網を張っていれば、運がよければ蟻とか小さなハエなどが蜜を舐めに来るのに出会うことができるはずです。

　この蜜の中にはパラサイトの精子がたっぷりと入っています。精子といっても動物の精子とは少し違っていて、尻尾などはありませんが機能はまったく同じです。斑点ごとにプラスとマイナスのがあって、プラスの斑点の蜜がマイナスの斑点につけられるとそこで受精が起こります。そして、受精の終わった斑点では見る見る変化が起こり、今度は葉の裏側がぷっくりと膨らみ、やがて数本か一〇本前後の褐色の毛のようなものが伸びてきます。これをしゅう子腔といって中にさび胞子という特殊な胞子が入っています。胞子が成熟すると毛の先が割れ、そこからさび胞子が飛び出します。これが飛んでいって今度はシバに行きます。うまくシバに到達できればそこで発芽し、シバの葉に侵入します。そしてしばらくすると例の黄色い粉、夏胞子を作り、また去年と同じように夏の間中何回でも感染を繰り返してシバにさび病を起こすわけです。

図でも書いて説明しないとややこしくてよくわからないと叱られそうですが、パラサイトがシバとヘクソカズラにしっかりと密約を結ばせ、毎年両方を渡り歩いて生命を全うしている様子がよくおわかりいただけたことと思います。

ヘクソカズラ

雪の下の惨劇

日本列島は、北海道から本州西部まで、湾曲しながら北から南西部まで弓のような形で連なり、その中央に一〇〇〇～二〇〇〇メートル級の脊梁山脈が連なっています。そのため冬になると大陸方面から吹いてくる季節風は、日本海の海上でたっぷりと湿気を含み、山脈にぶつかって上昇し、気温が低下するとともに水分を雪に変えて降らせます。このため日本列島の日本海側、俗に裏日本とも呼ばれる地域は世界でも有数の多雪地帯になっていて、北海道では四、五カ月、ほかの日本海沿いの各地でも三、四カ月の根雪期間を過ごすことになります。この根雪の下では熊などの動物は穴に入って冬眠し、植物も落葉樹は葉を落として幹と枝だけになって雪と寒風に耐え、多くの草本植物は葉が枯れ根だけになって、雪の下で冬を越します。しかし植物も種類によっては、雪の下は暖かいといって緑色のまま過ごす剛の者もいます。その中の代表的なものが秋播きコムギや耐寒性の強い牧草の類です。彼らは二メートルも三メートルもある雪の下で平気で冬を越します。しかしそうはいってもそこは光の届かない湿度一〇〇パーセントの特殊環境です。ですから状況によってはとんでもない惨劇がおこなわれることもあるのです。

春播きコムギと秋播きコムギ

惨劇というのは雪の下で起こる雪腐病(ゆきぐされびょう)の蔓延のことです。雪腐病というのはやはり特別なパラサイトによるのですが、この場合は一種類でなく数種類のパラサイトが関係しています。

コムギ

このパラサイトたちはそれぞれその土地に棲みついていますから、どのパラサイトが棲みついていたかによって出てくる病気の様子に違いが出るのです。雪腐病の被害が最も多いのは北海道ですが、それは北海道がいちばん根雪の期間が長く、しかも毎年確実に根雪が来るからです。そのほかの北陸、山陰地方などでは年によってはほとんど根雪なしで一年過ぎてしまうこともありますから、パラサイトたちもそれほど安全な棲みかとはいえないので、棲みついているパラサイトの種類も数も少ないのです。

それでは北海道でのコムギの事情をみてみましょう。コムギには春播きと秋播きとあって、それぞれ違った品種が使われます。春播きというのは春、雪が消えたあと播くのですから雪腐病の心配はまったくありません。日本よりもっと寒いシベリア地方などではこのタイプのコムギが多く作られます。しかしこのコムギの弱点は、芽が出てから穂が出て実るまでの期間が短くなり、収量が上がらないことです。せっかくいろいろと苦労して作るのに肝心の収量が低くては苦労のし甲斐がありませんから、少しくらい雪腐病の危険があっても収量の多い方を選びたいのは人情です。

北海道は春播きにするか秋播きにするか、どちらも選べるような微妙な地帯ですが、収量のこともあって大部分の農家が秋播きを選んでいます。しかし秋播きとなると、秋のうちに種を播き、根雪になるまでに十分根を張り、葉も十分伸ばさせなければなりませんから、なかなか苦労がいるのです。そして一一月になれば根雪が来ます。根雪が来ればもうなにもできませんから、人は来年の春を待つしかありません。ところがそこには雪腐病菌というパラサイトたちがいて、雪の下でも平気で活躍し、そのものたちのためにとんでもない雪の下の惨劇が演じられるのです。

根雪の下の世界

さて人間にはなにもできない根雪の下ではどんなことが起こっているのでしょう。雪の下は意外に暖かく、もちろん零下などではなく、摂氏三度か四度の温度を保ち湿度だけは一〇〇パーセントという条件です。ただ一メートルも二メートルもある雪の下では光はまったく届きませんから真っ暗です。こんな条件でもコムギは健気にも来年の春まで一生懸命がんばっているのですが、いかんせん一カ月、二カ月とたつうちにだんだん弱ってきます。そのとき一方のパラサイトはというと、いずれも土の中や表面近くにいたのですが、それがもくもくと動きはじめます。コムギにとっては辛い根雪の下の条件も、パラサイトにとっては決して悪い条件ではありません。むしろ自分が目を覚ましたときすぐそばに弱ったコムギの葉があるのですから願ってもない状況です。雪腐病のパラサイトたちはどの種類も菌糸で伸びる性質です。光

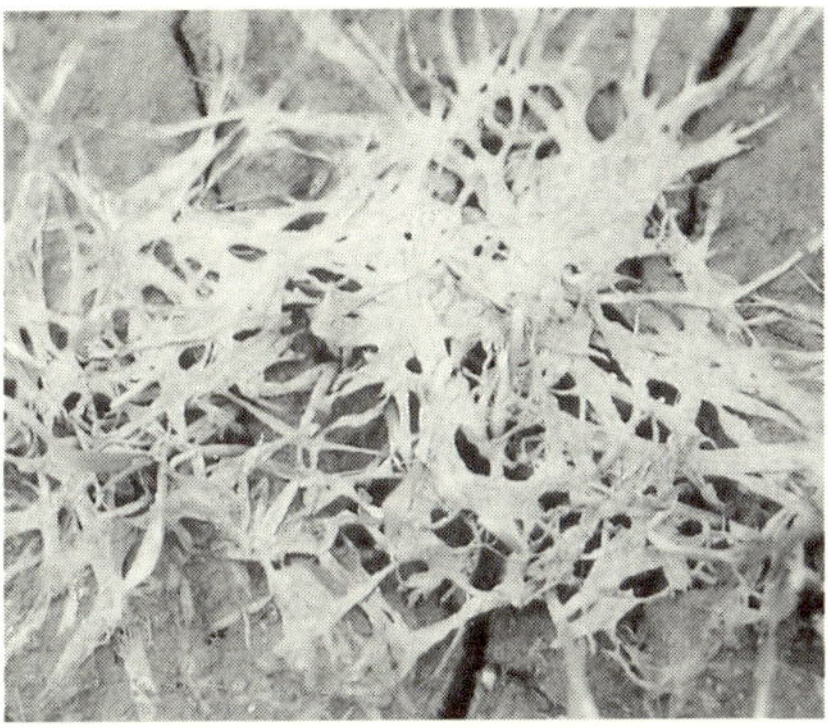

紅色雪腐病菌にやられたコムギ

も風もあたらず湿度が高ければ、菌糸は植物の外に出ても乾く心配がありません。ですからコムギの組織の中でも外でもどんどん伸びて雪の下で弱ったコムギを餌にしながら繁殖します。この状況は二月、三月と根雪の期間が終わりに近づけば近づくほど地温が上がりますからますますよくなり、菌糸の生育も早くなってパラサイトたちの活躍は盛んになります。

四月から五月、根雪が終わったら畑はどんなことになっているでしょう。まだところどころにまだら雪が残っているころ畑へ行ってみると、根雪の前に緑色だった畝（うね）は無残にもまるで熱湯をかけられたようになって、灰色や茶色になり、緑のコムギの姿はどこにもありません。まさに雪の下の惨劇のあとそのものです。これと同じ惨劇は牧草畑でも起こりますし、ゴルフ場では春先のフェアウェーの大小無数のパッチとなって現れます。

グリーンキーパー泣かせのパッチ

ゴルフ場の生命は何といっても美しい緑の芝生です。シバのよくないゴルフ場はそれだけで評判を落としてしまうのではないでしょうか。ですから芝生管理の責任者グリーンキーパーの人たちは、芝生を美しい緑に保つためにそれこそ日夜苦労しています。

シバにはいろいろな種類がありますが、日本では北海道を除いて大概のゴルフ場が高麗芝

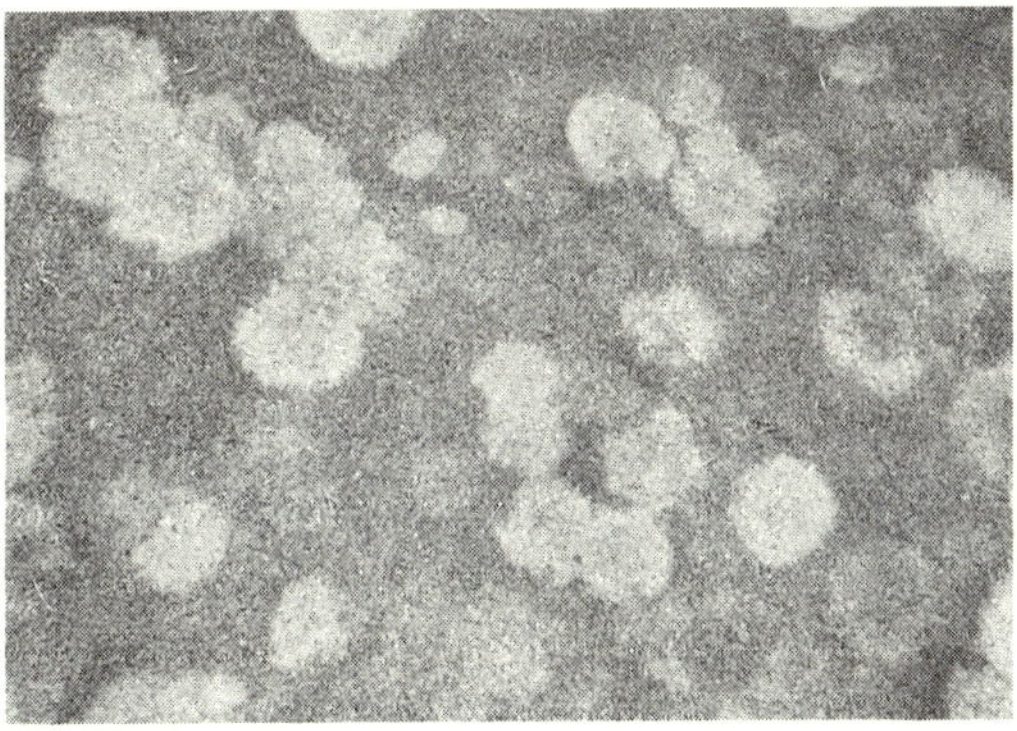

雪腐病によるパッチが出たゴルフ場のグリーン

と野芝を多く使っています。フェアウェーには高麗芝、ラフには野芝というのが通り相場です。そしてグリーンには高麗芝とベントグラスが使われますが、このごろでは見た目も美しくボールの転がりも微妙な味があるというのでベントグラスの率が高くなっています。

ところでこれらのシバに、寒地であれば根雪が消えた後に、またごく普通には梅雨時や秋の霖雨（りんう）の季節に、ところどころにまるでパッチワークをしたように醜い茶色の部分が出ることがあります。これがグリーンキーパーの人たちをいちばん恐れさせているパッチの襲来です。このパッチはフェアウェーにもラフにも現れますが、最も怖がられるのはグリーンに出るパッチです。寒地で根雪の後に出る雪腐病によるパッチについてはすでに触れました。では、芝生のパッチはどんなふうにしてできるのでしょう。

パッチは何が原因で出るかといいますと、これはシバにつくいろいろな種類のパラサイトのいたずらのあとなのです。シバにつくパラサイトの種類はおよそ一〇種類くらいありますが、どれもこれも土の中、特に植物の根がいつもあるようなところに棲みつっているもので、シバだけにかぎってつくというものではなく、大概の植物の根に寄生することができるものです。しかも一〇種類近くのものが一度に出るのでなく、ところによって、時によって、あるいはその年の気候条件によって、どのパラサイトが優勢に活躍するか千変万化するのです。

そして、おもしろいことにゴルフ場に現れるパッチにはそれこそグローバルな共通性があって、パッチの種類の呼び方にも世界中に共通する呼び方があります。例をいくつかあげてみますと、色に由来しているブラウンパッチ、ピンクパッチ、イエローパッチ、季節から来るウインターパッチ、サマーパッチ、形から来るラージパッチ、ダラースポットなどがありますし、パラサイトの種類を使った名前でフザリウムパッチ、ゲルラキアパッチ、それにもっとおかしいのは「犬の足跡」、「象の足跡」、「台湾はげ」などといってゴルフ場関係者の間だけで言い慣わしている名前もあります。これらの名前は、片仮名で書いたものを英語流に発音すれば世界中どこでも通用するいわゆるゴルフ場用語になっているほどです。

要するにそのくらいいろいろなパラサイトが世界中のゴルフ場で活躍しているということでしょうか。ゴルフ場というのは世界中どこへ行っても、植わっているシバの種類は少しずつ違いますが、それでもたかだか一〇種類足らずのイネ科植物を、芝生として広い面積に張り巡らしているのですから、パラサイトたちにとってはそれこそ世界中に広がるパラダイスだというわけです。

芝生を支える頑丈な根群

シバは表面から見るときれいな緑の葉しか見えませんが、スコップで掘ってみると三〇センチも四〇センチも下の方までびっしりと根が入り、しかもその根が縦横無尽に絡まりあっています。この根は一〇年でも二〇年でも土の中で徐々に更新しながら生き続けています。ですからパッチに襲われても、普通は茶色になって枯れるのは表面に出ている緑色の葉とごく表面に近い一部の根だけで、中の方の大量の根群はびくともしていません。パッチが出てシバが汚くなったなと思っても二、三週間するうちにはいつの間にか回復してまた前以上にきれいな緑色になって来るものです。

シバ

しかし、これはフェアウェーやラフの高麗芝のことであって、グリーンとなるとなかなかそうはいきません。特に繊細なベントグリーンの場合は一度パッチにやられるとそのままではきれいに回復しません。それはベントグリーンは軟らかくきれいに仕上げるために、細かい砂を厚く入れて、その上に種子を播いて短期間に仕上げることが多く、根群が高麗芝とは比べものにならないほど浅く弱いためです。ですからパッチにやられると根まで枯れてしまうことがあります。こうなると直すのにはシバを張り替えるしか方法がありませんから、グリーンキーパーとしてはグリーンにだけはパッチを出さないようにと一年中細かく気を遣うわけです。

雪腐病と農薬事件

一〇年ほど前のことになりますが、北海道のゴルフ場で、まだ根雪が来る前の一一月ころ、ゴルフ場の下にある池に高濃度の農薬が入ったというので新聞沙汰になったことがありました。あの時はこんな事情があったということです。

北海道のゴルフ場では冬の間厚い雪におおわれ、ほとんど半年近くの間シバは根雪の下になります。北海道の冬は寒く、地表面は零下一〇度にも二〇度にもなりますが、厚い雪の下は意外と暖かく、零度かそれより幾分高い温度に保たれているものです。このくらいの温度とたっぷりと湿った条件は、雪腐病菌という寒冷地特有のパラサイトにとっては格好の活動条件になります。さきに紹介してきたように雪腐病というのは複合病で、原因となるパラサイトは少ないところでも五、六種類はあるほどです。これらのパラサイトは夏の間はじっと地表面近くの土の中に潜んでいますが、根雪が来るとその下でそろそろと動き出し、春になって雪が解けるまでに次々とシバを食い物にしてしまいます。

そして春、雪が解けてみるとそこら中に大きなパッチができているということになります。ですからゴルフ場ではこの被害を防ぐために根雪の来る前に農薬散布をすることになります。

ところがその年は運悪く根雪前の準備に薬を散布したあと、最初に来たのが根雪になる雪でなく強い雨だったのです。根雪になれば農薬は雪の下で半年の間に雪腐病菌を押さえながらゆっくりと分解し無害になるはずだったのに、雪の代わりに降った大雨に農薬は流されて下の池に入ってしまったというわけです。これもゴルフ場のパッチが、間接的にその原因になった事件だったのです。

かき餅のようなツツジの葉

北海道の土産

春、ツツジの花が咲くころ、花とは違う白く膨らんだものが、ツツジの葉についているのを見たことはありませんか。紅い色のツツジでは花の間にあってもよく目につくのですが、白い花のツツジでは花に隠れて目につきにくいことがあります。でも花が散りはじめるとすぐわかります。近寄ってみると、この膨らんだものは花ではなく葉が膨らんで変形したものであることがわかります。これはその形が餅を焼いてぷーっと膨らんだ形に似ているので「ツツジのもち病」と名づけられている、れっきとした病気です。病原菌はもち病菌というわりあい特徴のある糸状菌のグループの一種です。ツツジにつくパラサイトというわけです。

このツツジのもち病について、私にはこんな経験があります。

それはもう一〇年ほど前のことです。夫婦二人で夏の北海道をレンタカーで一〇日ほど旅をしてまわりました。旅も終わり近くなって富良野から南下し、日高へ入り、二風谷村を訪れたときのことです。国道の脇に広い牧場がありました。牧場に放牧されていた馬たちがあまりに可愛いので車を止め、牧柵に近づいて、妻は子馬の頭をなぜたりしていました。

その牧柵に沿ってところどころに見慣れない木が数本植えられているのが目につきました。

もち病にかかったツツジの葉にできた膨らみ

よく見ると内地にあるツツジとは少し様子は違うのですが、どうやらツツジの一種のように見えます。いかにも北海道で寒さに耐えてきたことを示すように、背はあまり高くはありませんががっしりとした樹形です。その木をいつもの癖で、何かないかなと思って、ためつすがめつ見てまわりました。私にとって何かないかなというのは、何か見慣れないパラサイトの姿かせめてその尻尾でも見つからないかなということです。そんな目で見ていると、ありました。表面からはよくわからなかったのですが、ちょっと顔を傾けてみると葉の裏が白いのが見えるのです。一枚手に取ってみると、それは平もち病というもち病の一種に似た病徴です。早速カメラを取り出して何枚も写真を撮り、病気の葉を数枚採集しました。そして帰ってからすぐ菌の分離を試みました。

パラサイトの正体を明かす

こういうとき菌の分離をするには特別の方法があります。まず小さいシャーレに一・五パーセントの寒天を注いだウォーターアガー（素寒天）の平面培地を作っておきます。そして寒天の一部を小さく切って、それを蓋の裏側に張りつけます。それができたら病葉の一部を切り取って小寒天に張りつけ、そっと蓋を元に戻します。どんなふうになっているかといいますと、ウォーターアガーの平面の上に、寒天の小さな布団に載った病葉が逆さになっているわけです。こうして一日か二日おくと、病斑上にできた胞子が下の寒天面に落ちてきます。これは雑菌に邪魔されずに菌を純粋分離するとてもうまい方法です。

このときも北海道から持ち帰った試料で、少し古くなっているからどうかなと思いましたが、うまく純粋分離できました。

さてそれからが問題でした。もち病菌はエキソバシジュウムという学名の菌なのですが、この菌の分類にかけては世界的な専門家で江塚昭典さんという方がおられます。江塚さんとは古くからの友人でしたので早速電話をかけ、事情を話して、見てくれるように頼みました。培養した菌と数枚の病葉を送ったのですが、その結果は見事な失敗でした。この菌の場合、培養だけでは同定は到底できないこと、確実に同定するためには新しくて生きた試料が必要なこと、またホストであるツツジの種類が正確にわかること、それだけが満たされないといけないというわけです。北海道と東京ではそのどれ一つをとってもいますぐには無理な話です。

あきらめるか。それもしゃくです。

そこでこんなふうに考えました。どうせ北海道は二、三年のうちに残した西半分をまわるつもりだからそのときもう一度二風谷村に行こう。木の病気だから二、三年しても消えてなくなりはしないだろう。

北海道再訪

そして三年後計画を実行しました。このときは小樽から稚内、礼文島まで行きましたが、やはりその帰り千歳空港へ行く前に二風谷村を訪ねました。例の牧場へ行ってみると、三年前と同じようにめざす木がそのままありました。牧場の馬たちは代が変わったのでしょうが、旅人の目には同じように見えました。そのときは少し勉強をしてあって、めざす木はエゾムラサキツツジだろうという見当がつけてありました。それでも用心して牧場主のお宅を訪ね、名前を聞きました。奥さんが大変ご親切で、お宅の庭にある大きなエゾムラサキツツジを見せてくださいました。その樹は優に私の背丈ほどもある老木で、花の時期にはさぞ見事なものだろうと思われました。名前は予想どおりエゾムラサキツツジが正しいそうで、もちろん牧柵沿いに植えてあるものも同じだということでした。

奥さんの話によると、北海道では春の雪解けのあと間もなく紫色の花をいっぱいにつけるこのツツジは、人々からとても愛されているのだとのことでした。この樹にもめざす病気はかなり出ていました。しかし、一本の樹にある病葉はせいぜい数十枚で、このくらいならば樹の生育にも来年の花にもなんら影響はないらしく、奥さんは気にもとめていませんでした。さてこれで旅の目的の一半は果たされたわけで、問題の樹はエゾムラサキツツジであり、これに三年前にもまた今年も、平もち病が確実に発生していたことがわかったわけです。

次は三年前に分離しておいた菌の病原性を確かめることです。それに同定のためには生きのよい病斑が必要です。そこで思い切ってエゾムラサキツツジの苗を入手して接種してみることにしました。北海道の苗木屋さんに注文して苗を五本送ってもらいました。雪の来る前でしかも苗は休眠期に入っていることが大事です。あまり経験のなかったことでしょうが苗木屋さんはいろいろ考えて一〇月末に送ってくれました。川崎市にあるマンションの庭の隅で鉢植えにしておきましたが、なんとその一二月にはその中の二本に花が咲いてしまいました。エゾムラサキツツジという北方性の植物はやはり季節を間違えてしまったのでした。一本の花は少しでしたがもう一本は満開でしたので、心配したとおり、満開の方はその冬の寒さで枯れてしまいました。でも残りの四本でなんとか目的を達し、病原性を確かめることはできました。北海道から運ばれて、慣れない気候のところでやっと芽を出したのに、いきなり病原菌をつけられたのですからかわいそうですが、研究のために我慢してもらいました。一月ほどすると北海道で見たのと同じ病斑がいくつも現れて、病原性のあることが証明されました。そしてその年の春のうちに、病葉のついた苗は筑波大学まで運ばれて、江塚さんのあとを継いでもち病菌の専門家に育ちつつある長尾英幸先生の手で同定が完成されました。今年の夏、長尾先生から暑中見舞いの葉書をもらいましたが、その中に、この春ご自分でも小樽で現物を採集することができましたとありました。

長尾先生はその後も研究を続け、ついに最近になってその菌が未報告のもち病菌であることを明らかに

ツツジの一種

し、新しく学名をつけて、その論文を『マイコサイエンス』という学術雑誌に発表することになったということです。

チャノキともち病

おもわず脇道が長くなってしまいました。本題は病原体としてのパラサイト、もち病菌のことでした。この菌はなかなかユニークな特徴のある菌で、エキソバシジュウムExobasidiumという学名の属ですが、日本ではわずかにツバキ属のツバキ、チャと、ツツジ科の多数のツツジ類、それにクスノキ科のヤブニッケイで発生が報告されているだけです。チャは飲むお茶をつくる大事な作物です。葉にそんなものがたくさん出ては困りますから、チャの栽培農家ではほかの病気といっしょに冬のうちに薬をかけたり、病気の葉は摘み取ったりして一生懸命管理をしているのです。

昆虫とイネを結ぶパラサイト

ヒトの病気にも昆虫によって媒介される病気がかなりあります。たとえばウイルス性の日本脳炎とかデング熱のように、いまや懐かしい名前になってしまった病気もありますし、マラリアのようにいまでも熱帯地方を中心に猛威を振るっているものもあります。もっともマラリアはウイルスではなく原虫によるものですが、やはり昆虫であるハマダラカによって媒介されます。戦後しばらくの間、夏になると日本中の人を恐れさせた日本脳炎は、病原ウイルスが豚と人間の間を行き来し、その運び屋になったのが蚊であったというのはよく知られた話です。これらの例からもわかるように、パラサイトたちは、寄生生活をする上で、ホストになる生物には相互に何の関係もなさそうな意外なものを選んでいる例が多いことがわかります。

イネとヨコバイ

ここでは、イネと昆虫の両方に寄生して、どちらを本拠にしているのかわからないようなパラサイトの話をすることにします。日本のイネには現在七種類のウイルス病がありますが、その中の萎縮病（いしゅくびょう）と縞葉枯病（しまはがれびょう）という二つの病気のパラサイトがこの話の主人公です。

イネ萎縮病というのはツマグロヨコバイという小さな昆虫が媒介しますが、この虫は、夏の夜、周囲に田んぼのあるようなところで電灯に飛んでくる虫たちの中に混じっています。顔や首筋などがちくっとするので手をやってみると、緑色の小さな体に羽根の先が少しだけ紫色をした虫が取れることがありますが、これがそうです。彼らは人の手や首をイネと間違えてちょっと吸ってみるのです。手にとまったのをよく見ていると、彼らはまっすぐ前に歩かず、必ずカニのように横に歩きます。この特性から彼らの仲間はヨコバイと呼ばれているのです。

萎縮病というのはこのごろではあまり大発生しませんが、戦後すぐのころは発生が多く、農家を困らせた病気でした。この病気にかかったイネは背が低いまま大きくならず、その分横に広がって分げつが増え、葉の色が濃い緑色になります。早い時期に発病するとまったく穂が出なくなりますから、ひどく発生したところでは大損害を受けたのです。

そのころ萎縮病の常発地でこの虫を捕まえてみると、その何パーセントかは必ず萎縮病のパラサイトを保毒していました。そしてイネが田んぼに植えられると近くの草むらで冬越しをしていた保毒虫が早速飛んできてイネの汁を吸います。このとき体の中に持っていたウイルスの粒子を唾液といっしょにイネの中へ注ぎ込むのです。蚊が腕にとまって血を吸う様子を見ていると、口針を刺したり抜いたりしながら最後にぐっと刺し込んで、そのうちにぐんぐん血を吸い込みますが、彼らはあのとき試し刺しをしながら血管を捜しているのです。ツマグロヨコバイも蚊と同じで、口針をイネに刺し込み、針の先が篩管というイネにとっては血管のような、栄養分が通る管に達するまで試し刺しをし、うまく達すると、そこから汁を吸います。

イネの穂

しかし、ただ一気に吸うだけでなく、子供がストローでジュースを吸うように、出したり吸ったりしながら吸うのです。そのために虫の体の中にあったウイルス粒子は能率よくイネの中へ注入されていきます。パラサイトであるウイルスは空気にさらされると弱いのですが、こうして虫の体からイネの「血管」へまるで注射されるように入れてもらうのですか

縞葉枯病にかかったイネの葉

ら理想的です。イネは萎縮病に感染します。こうして去年田んぼで発生していた萎縮病が今年も新しく発生しはじめることになります。なんとうまく仕組まれたカラクリではありませんか。

このカラクリのいちばんのミソはパラサイトであるウイルスがイネにも虫にも感染し、しかも虫の体の中でも増殖し、虫といっしょに冬越しをするということです。それだけではありません。このパラサイトはツマグロヨコバイの雌にとりつくと、卵の中にまで入り込み、経卵伝染といって、卵を通してその子供にまで伝わり、仔虫がちゃんとウイルスを持って生まれてくるのです。こうなると、私たちはイネ萎縮病、イネ萎縮病とイネの病気のことばかりいいますが、パラサイトの身になって考えてみれば、イネの方は仮の宿で、わたしの本当の棲みかはツマグロヨコバイという虫なんだといわれそうです。

縞葉枯病とウンカ

これとまったく同じ関係がイネ縞葉枯病とヒメトビウンカの間にも存在します。ヒメトビウンカはツマグロヨコバイよりもっと小さい虫ですが、やはり経卵伝染もするのです。縞葉枯病にかかると、イネは生育が悪くヒョロヒョロした姿になり、黄色い縞が入り、枯れてしまいます。同じウイルス病でも前の萎縮病とはまるで症状が違いますが、発生すればどちらも負けず劣らず大きな被害が出るのです。縞葉枯病の方はいまでも結構発病が多く、これの被害を防ぐために、南方のイネ、インディカ米のイネから遺伝子を取り込み、この病気に強い品種が作られています。しかし、この方法でつくられた品種はどうしても米の味が落ちるので、市場も消費者も敬遠しがちです。ですから農家では病気の危険は承知の上で、コシヒカリのように、病気には弱いけれども味がよく高く売れる品種を作ることになってしまうのです。

ちなみに植物の世界で、昆虫によるウイルスの経卵伝染がはじめて発見されたのは日本で、いまは亡き北海道大学名誉教授福士貞吉先生の世界的に有名な偉大な業績です。

パラサイトに寄生するパラサイト

細菌の天敵バクテリオファージ

この本の中では植物に寄生するパラサイトの話をいくつもしてきました。パラサイトに寄生された植物はひどい場合にはいわゆる病気になって、葉が枯れたり果物が落ちたり、ときには全体が枯れてしまったりします。ですから寄生される側にとっては、パラサイトというのはあまりありがたい存在ではありません。しかし、寄生される植物も寄生するパラサイトも自然界という大きな眼から見れば、両方とも同じ生き物で、自然界を構成する一員に変わりはありません。それならそのパラサイトに寄生するパラサイトはないのでしょうか。もしいないとしたら造物主である神様は少し不公平ではないでしょうか。

ところが、どうやら神様はそこも不公平でなく、ちゃんとパラサイトにつくパラサイトをおつくりになっていたのです。これからそのパラサイトに寄生するパラサイトの話をします。

まずバクテリアにつくパラサイトの話です。この本の中でも「トマトの青枯病」のところで、細菌すなわちバクテリアがその原因をなすパラサイトだということを書きましたが、この青枯病菌のような、トマトを作る人にとってはとてもいまいましいパラサイトをやっつけるパラサイトがいるのです。細菌というのは長さが一ミリの千分の一くらいの小さなものですが、これ一匹を何十匹もでやっつけるパラサイトですから、その大きさは推して知るべし、細菌の何百分の一かの大きさです。ですからそのパラサイトはもうバクテリアではなく、ウイルスです。

しかし、ウイルスといっても植物や動物に寄生するウイルスとはだいぶ趣の異なるウイルスで、だいいち奇想天外な形をしています。ちょうどオタマジャクシのような形で、頭部と尾部があり、尾部の先端にスパイクと呼ばれる短い針のような繊維が数本ついています。こんな形をした細菌寄生性のウイルスのことをバクテリオファージというのですが、自然界にはこんなバクテリオファージが細菌の種

トマト

類と同じくらいいるというのですから驚きです。その形については見てきたようなことをいいましたが、これは電子顕微鏡でないととても見えません。ただその一匹一匹はとても肉眼では見えないのですが、ある簡単な方法でその存在だけはしっかりと確かめることができるのです。

簡単といってもある程度の実験材料と器具は必要です。まずシャーレに細菌がよく育つ培地を注いで平面培地を作っておきます。そして別の試験管の中にトマト青枯病菌を水に溶かした溶液を準備しておき、その中へほんの少し、青枯病の出ていた畑の土を加えて、よく振ってからシャーレの中へ注ぎ、加えた菌液が平面全体に伸びるようにしてやります。これを一晩暖かいところに置いておくと、もし運よく加えた土の中にバクテリオファージがいれば、平面一杯に淡黄色に広がった青枯病菌の菌層の中に、径一、二ミリの円く透き通った斑紋がいくつも現れます。これをプラークといいますが、これは実はバクテリオファージが青枯病菌を食い荒らし溶かしてしまった跡なのです。土の中にいたファージが水の中に溶け出し、その中の一匹が一匹の青枯病菌につき、スパイクで取りついたあとファージの体の中のDNAを流し込みます。そうすると青枯病菌の方は自分の体を増やすのをやめてファージのDNAの指令に従ってファージのDNAを次々と作り、それだけでなくそのDNAのまわりにタンパク質の衣まで作ってやり、一〇匹も二〇匹ものファージの完成体を作るのです。それが終わるとファージは細菌の体を破裂させ外に飛び出します。これを数分間のうちに繰り返しますから、一晩たつと大量の細菌が死に絶えたゾーンができます。そのゾーンが透き通った円形の斑紋として現れたというわけです。

この現象は一匹の芋虫を数十匹の蟻が寄ってたかって食べているのに似ていますが、実はまったく違うメカニズムです。蟻は外から食いつきますがファージは中から食べるのです。食べるといってもただ普通に食べるのでなく、自分の殻は外に残して中身だけ、中身といっても長い糸のようなＤＮＡですが、これだけが中へ入り込み、自分のコピーを作らせるわけです。見えない世界の現象ですがなんと凄まじい食い合いの世界でしょうか。

こんなふうに病原菌を食べてくれるパラサイトがいるのなら、いっそのことこれを病気の防除に使えないものかと考えたくなります。もちろんそう考えて研究した人がありました。しかしその試みはいまだかつて成功したことがありません。ファージの力はそれほど大きくなく、細菌の増える勢いの方が断然大きいということでしょう。

生物農薬の曙

ここまでは細菌性のパラサイトにファージというパラサイトが寄生する話でしたが、パラサイトにつくパラサイトはこれだけではありません。シイタケやエノキタケ、ナメコやマイタケなどは、もとはといえば樹木につくパラサイトです。生木をどんどん枯らすものではありませんが、弱ったところについて徐々に広がりさらに樹を弱らせてそこにキノコを作るパラサイトたちです。

これらはいまでは工場のようなところで培養され大量に作られています。ところが、この培養工場の中へ入り込んでキノコの養分を横取りしたり、ときにはキノコ自身に寄生してキノコの菌糸の生育を抑えてしまう、そんなパラサイトがいます。このパラサイトはトリコデルマという糸状菌の一種であったり細菌類であったりしますが、これらもある種のパラサイトにつくパラサイトといえるでしょう。またそれだけでなく、これらのキノコ類の菌糸の中や植物の病原菌の菌糸の中にも、ウイルスの粒子が見つかることが非常に多いのです。でもこれらの粒子が果たしてどんな働きをしているものなのか、まだ十分に解明されていないのです。

トリコデルマという菌にはこんな話があります。この菌は元来とても雑食性の菌で、土の中や木の葉が積もったところなどでよく見つかる菌ですが、彼らは普段そこで、分解しかけた有機物などを餌にほそぼそと生きているわけです。ところが彼らはそれだけでなく、同じ菌類仲間であるいろいろな糸状菌に取りついてその養分を吸い取り生活するという不思議な性質を備えているのです。キノコ栽培のときの害菌として嫌われるのはその性質のせいです。ところがこの性質のせいで、ときどきこの菌が脚光を浴びることがあります。

野菜や花を作っていると、ときどき茎の地際のところが褐色になり、その表面に白い菌糸がまとわりつき、菌糸は地面にまで幕を張るように伸びていくことがあります。そしてそのあと菌糸のところに仁丹粒のような菌核が大量にできてきて、そのころになると上の植物が枯れてしまうのですが、これは白絹病（しらきぬびょう）という病気です。この白絹病菌は根元にできる菌核が伝染源になるのですが、あるとき、タバコ畑で、この菌核がトリコデルマ菌にやられて死んでいるのを見つけた研究者がありました。その人はこの現象に興味を持っていろいろと研究し、とうとう白絹病防除用の生物農薬として使うところまでこぎつけました。パラサイトに寄生するパラサイトをうまく活用した例として有名な話です。

この農薬は結局それほど発展せずに終わりましたが、実は最近化学農薬見直しの機運が世界的に強くなり、人畜に害の少ない生物農薬が注目されてきて、このときのトリコデルマ剤は生物農薬の曙として評価されているのです。そしてトリコデルマをもう一度材料として見直そうという動きもあるのです。

早過ぎたケヤキの紅葉

ケヤキの白星病

ある日三階のベランダから見ていると、すぐ目の前まで伸びたケヤキの枝に、一枚だけきれいに紅葉した葉のあるのが目につきました。そのときはあまり気にもとめず、そのまま見過ごしていましたが、それから一週間ほどして、今度はその葉とはまったく違うところに、右の方に一枚、左の方に一枚、同じようにきれいに紅葉した葉が現れました。注意してみると一週間前に見たあの葉はもう落葉してなくなっています。さてこれはどうしたことだろう、まだ八月だしケヤキが紅葉するには早過ぎるのにと思いながら、ケヤキ並木のある道路まで下りてみました。もし落ちていたら拾って調べてみようと思ったのです。

道路に下りるとケヤキの枝ははるか高いところで、とても細かいところまでは見えません。

しかし前夜の雨できれいになったアスファルト道路の縁を見ていくと、運よく二枚の落ち葉が見つかりました。二枚とももみじ色をしていますから、樹の上で注目していたのと同じものかその仲間に違いありません。見れば両方とも小さな斑点がたくさん出ています。その上斑点の一つが中肋の上に出ていて、そこを中心に紅葉が進んでいるようです。どうやら季節外れの紅葉を演出し、葉の付け根に離層を作って葉を落としたのはこの斑点だったようです。

とりあえず二枚を手に家まで帰り、斑点のところをルーペで覗いてみました。するとどの斑点にも一つか二つの黒い粒が見えます。はじめに斑点を見たときからこれは何かパラサイトがついているなと思いましたが、この黒い粒を見るとどうやら間違いはなさそうです。黒い粒をとって顕微鏡で見れば粒の正体がはっきりするはずです。本当は一枚や二枚でなくもう四、五枚ほしいところですが、とりあえず確かめてみることにしました。

スライドグラスに水滴を置き、二枚の葉からかきとった黒い粒を入れて顕微鏡にかけて見ると、レンズの下には驚くような光景が展開していました。いま入れたばかりの黒い粒の頭のところから、針のような細いものが次々と飛び出しています。早速カバーグラスをかけて倍率を上げてよく見ると、針のように見えたものは明らかに胞子で、その形から見てセプトリアという名前の菌に違いありません。念のために事典にあたってみると、ケヤキにはこのパラサイトが起こす病気としてたった一種類白星病というのがあります。記載にある病徴とまったく同じで、これに間違いなしと同定できました。

九月、一〇月と日がたつうちに、この年はケヤキ並木の紅葉がいつもよりずっと早いようです。それもいっせいに紅葉するのではなく、一群の葉の大部分は緑なのに、中の何枚かだけがきれいな赤色に変わるという進み方で、赤くなった葉が一枚また一枚と散っていきます。散った葉を見ればどれもこれも前に見た二枚と同じです。一枚の葉に一〇個も二〇個も斑点があり、その中の一、二個が中肋か大きい葉脈の上にあり、そこから紅葉がはじまっています。これはたぶん白星病のパラサイトがある種の毒素を出し、その毒素が葉脈から中肋、さらに葉柄へと流れ、その影響で葉柄の基部に離層ができたために、まだほかの葉は青いのに風が吹くとその葉だけは落ちるのでしょう。今年特に早く紅葉する葉が多いのは、夏の気候の影響で、パラサイトが大発生し、斑点が多くできたためと思われます。

ケヤキと白星病のつき合い方

あるとき高い土手の上にあるレストランへ行き、駐車場に車を止めたところ、土手の下から伸びているケヤキの枝が車の屋根に触れるほどに近くにありました。その一本を引き止めて見ると、何十枚という葉が一度に見られましたが、何と一枚残らず、どの葉もどの葉も、まだ青いのに白星病の斑点が出ています。これは今年は白星病の当たり年だなと思い、その後公園や街路樹のケヤキを見るたびに注意をしていると、まったく例外なく出ています。大きい樹は二〇年生、三〇年生、あるいはもっと樹齢の古いものもあります。こういう樹になれば一本の樹についている葉の数は何十万枚ともなるはずです。仮に一本に一〇万枚あったとして、その一枚一枚に平均一〇個の斑点があれば、一〇〇万個の斑点があることになります。一つの斑点に黒い粒すなわち柄子殻（へいしかく）が二個ずつあったとして、一個の柄子殻から一〇〇個の胞子が作られるとすると、一樹あたり二億個もの胞子が作られることになります。

白星病にかかったケヤキの葉

たった一本のケヤキの樹にこんなに大量の胞子ができるとは驚きですが、もっと驚くのは、こんなに病気が大発生しているのにケヤキはへっちゃらな顔をしていることです。もしこれが畑や田んぼで作られている作物であればそれこそ大事件です。ハウスの中のトマトやキュウリにこれほど多くの病斑が出れば、それこそ葉っぱは一枚残らず枯れ上がり、収穫皆無になってしまいます。またイネであれば、もしこの菌がいもち病菌だとするとイネは真っ赤に枯れ上がり、典型的なずり込み症状、イネが縮んでしまう症状、になっているに違いありません。

　ところが、ケヤキは外観的にはまったくびくともしていません。その翌年もまたその翌年も注意して見ていますが、何の影響も受けていないように見えます。春になればきれいな芽吹きを見せ、秋になれば美しく紅葉した姿を見せてくれます。しかしよく見るとどの年にも例の斑点は多かれ少なかれ出ています。どうやらあの年だけは特に大発生したようでしたが、ほかの年にも結構出ているもののようです。

ケヤキ

　一体このパラサイトとケヤキの関係はどうなっているのでしょう。第一このパラサイトはなんのためにこれほど大量の胞子を作るのでしょうか。またケヤキは、毎年こんなに大量の斑点を作らされ、そして大量の胞子を作ってやっているのにどうしてへっちゃらなのでしょうか。目の前にある街路樹や公園にある何本ものケヤキの大木を見ていると、あれだけ大量の斑点ができても、また斑点のために何パーセントかの葉が早く落葉しても、彼らの生活にはなんら悪影響はないようです。少なくとも外観的にはそう見えます。たぶんそこは大地にしっかりと根を下ろした自然の大木の偉大なところで、ひ弱な作物と大きく違うところなのでしょう。

私たちは食糧生産のためにいろいろな作物を栽培していますが、それらの作物にとっては、パラサイトがついて病気になることはすぐに収量の減少につながります。それどころか悪くすれば枯れてしまうかもしれません。だから人々は病気、病気といって大騒ぎをし、それを防ぐために一生懸命農薬をかけたり、抵抗性品種を作ったりします。どうもそこが大自然の中で大地に深く根を下ろしている樹木や草木と、人が手をかけて作っている作物との大きな相違点のようです。

私たちはついそこのところを見落として、樹木や草木も作物と同じように見てしまい、ケヤキの葉に出た斑点をいろいろと調べて、仰々しくも「白星病」などという病名までつけていますが、ケヤキとしては少しも病気などとは感じていないのかもしれません。作物にとってのパラサイトと、樹木や野山の草木にとってのパラサイトは、意味するところが大きく異なりそうです。しかし、そこのところは私たちが現在手にしているどんな高級な科学をもってしても、正確な答えを出すことはできないように思います。そこで次にケヤキとパラサイトの身になって想像をたくましくしてみることにしましょう。

ケヤキの実生を見て

ケヤキも自然の植物ですから、一本のケヤキはなんとかして何十年、何百年の寿命をまっとうしようとしますし、それだけでなく成木になってからは毎年たくさんの実をつけて後代を残そうとします。ケヤキの実というのは普通あまりお目にかかる機会がありませんが、私はこのときの観察の副産物で、ケヤキの実のつき方を詳しく観察することができました。それはこんなふうに起きるのです。

何年生から実をつけるのか正確なことはわかりませんが、五年や六年生の若木では見たことはありませんから一〇年生くらいからあとになるのでしょうか、私が毎年眼の前にして観察していたのは一五、六年生以上の樹です。ケヤキの葉は新芽の出るのが不ぞろいで、こちらの枝は葉が開いてきたのに隣の枝はまだ赤い芽のままというようなことがよくあります。しかし五月の連休のころになると全樹若草色のきれいな新葉がそろってきます。ただそのころよく見ていると、おもしろいことに枝によって葉のつき方に微妙な差のあることに気がつきます。普通の枝の葉はのびのびとしていて大きく、枝の先端もどんどん伸びています。ところが中に枝も葉も寸詰まりで、葉が混んでいるところがあるのに気がつきます。この部分は六月、七月と季節が進むにつれてますます色が濃くなり、ほかの部分と明らかに違うことがわかってきます。

ここの部分が花がつき実がなるところなのです。このことは小鳥たちがいちばんよく知っていて、シジュウカラやヒワ、ときにはスズメたちまでやってきてそのあたりを盛んについばんでゆきます。朝そういう枝の下へ行ってみると、小鳥たちが落とした若い実のかけらがたくさん落ちています。小鳥たちはどうやら未熟の実の汁を吸っているらしいのです。

夏過ぎになると、今度は本格的に熟した実が落ちる番です。そのときになると実のついた樹の下には敷いたように実が落ちていることがあります。ケヤキの苗を寄せ植えして盆栽を作る人は、落ちる時期を知っていてこの実を拾いに来るのです。拾った実で盆栽を作るくらいですから、この実は土に落ちれば翌年には芽を出し、次代のケヤキの実生になります。そして何十年か後にまた親樹のように大きくなるのです。

白星病が大発生したその年のことです。街路樹のすぐ近くにある家の、垣根の根元に一本のケヤキの実生が生えているのを見つけました。ちょうど膝くらいの高さの、枝分かれもしていない小さな実生です。よく見るとこんな小さなケヤキにも白星病の斑点は同じように一杯出ています。そして何枚かはもう紅葉していまにも落ちそうになっていました。それを見て思いました。こんな小さな実生にとってはパラサイトの攻撃は相当な痛手に違いないと。

なにしろ全部あわせても二〇枚足らずの葉の数ですから、そのうちの五、六枚が早く落葉しても、その時点で同化量が三割も四割も落ちるわけですから痛手です。そうしてみると宿主植物の生育にとって、パラサイトの存在が痛手になるかどうかは、その植物の大きさや樹齢と深くかかわりがありそうです。たとえ野生の樹木であっても、ある程度の大きさになるまではやはり影響があると見なければならないようです。

生き残りへの知恵

さて一方のパラサイトの方ですが、一本の樹に二億個もの胞子を作ったのに、秋になると紅葉した葉は次々と落ち、そこら中に落ち葉の山をつくり樹の上には一枚もなくなってしまいます。公園や街路樹のケヤキの葉は、落ち葉になれば大部分は掃き集められ、燃やされてしまいますし、山にあるケヤキなら落ち葉はやがて腐って土に還ってゆきます。そうなると落ち葉の上にできていた大量の胞子も落ち葉といっしょに灰になったり腐って土に還ったりすることになります。しかし、それでは来年以降発生の元がなくなってパラサイトの生活史が途切れてしまいそうですが大丈夫でしょうか。

どんな小さな目立たないパラサイトでも、この地球上にいままで存在し続けてきたものは、必ずうまい仕組みを持っていて、どこかで生き残り来年もまた出てくるはずです。この白星病菌もケヤキという植物が地球上に現れたのとそう大きく違わない時期から存在し続けたはずです。そしてこれからもケヤキが生き続けるかぎりは、いっしょに生き続けるに違いありません。ですから必ずどこかで越冬しているはずです。

そこで果樹の病原菌の越冬の仕方などを参考に推測してみますと、彼らが作った大量の胞子は、大部分は落ち葉とともに落ちてしまいますが、葉が落ちるまでにかなりの数の胞子が、枝や幹のひび割れの間などに入って越冬しているはずです。そして、それが来年葉が開くころ、風や雨水によって新しい葉に運ばれてまた斑点を作るものと思われます。病斑が一個でも二個でもできれば後はしめたものです。そこから新しくできた胞子が飛んで次々と広がり、秋までには前にみたように全樹の葉に斑点ができることになるわけです。ですから彼らが毎年何億もの数の胞子を作るのも決して無駄に作っていたわけではないのです。こうしてパラサイトはパラサイトで、大自然の中で確実に子孫を残す戦略を実行しているわけです。

ある年のケヤキの紅葉が少し早過ぎたと思いましたが、こうしてよく観察してみると、その裏にはこんなにいろいろなことが隠されているのだということがわかります。

ラッカセイの新パラサイト追跡

ラッカセイの葉の不思議な病斑

去年の夏、東京の西方昭島市にある都立短期大学を訪れたときのことでした。大学の芝生の片隅にあった小さな畑に、学生達の実験用としてラッカセイが四、五〇株作られており、そのラッカセイにきれいな輪紋を持つ病斑のあるのが目に入りました。あまり見慣れない病斑だなと思いながら、とりあえずカメラのシャッターを押し、いっしょにいた先生に頼んで、病斑のある葉を数枚採集させてもらいました。植物病理学をやる者の勘がぴぴっと感応し、これはもしかするといままでに見つけられていないパラサイトの足跡かもしれないぞと思ったのです。そこで帰宅してから、早速、日本植物病害大事典と見比べてみました。しかし、ラッカセイにこんな形の病斑を作る病気の記録はありません。さあそうなると新しいパラサイトの発見につながりそうです。

早速、菌の分離に取りかかりました。小さなシャーレに一・五パーセントの寒天を流して固まらせた培地に、アルコールで表面殺菌した病斑部の切片を載せます。こうしておいてから数日たつと、どの切片からも元気よく菌糸が伸びてきました。しかも、その様子がどれも一定です。これなら雑菌も混入せずにめざすパラサイトを捕まえられそうです。

次はその菌糸の一部分を切り取って栄養分のある培地に移しました。幸運にも試験管一本も無駄にすることなく、五本植えたのが五本とも同じような顔をしてどんどん伸びてきました。こうなると次に気になるのは、これが果たしてラッカセイに都立短大で見たのと同じような病斑をつくるかどうかということです。もし病斑を作るようなら病原性のある本物のパラサイトということになりますし、何も病斑を作ってこなければどこかで雑菌を拾ってきたということになります。

そのころ実験用にプランターでラッカセイを育てていたので、早速接種してみました。くだんの培養菌は顕微鏡で見てもまった

ラッカセイ

く胞子を作っていないので菌糸で接種してみることにしました。ラッカセイの葉数枚に、試験管の中から切り取った菌糸片を乗せます。そうしたあと霧吹きで葉に霧を吹き、さらにポリ袋でおおっておきます。これは菌糸が乾いてしまわないためと、菌糸がラッカセイの組織の中に入るまで条件をよくしてやるためです。

二日間こうしておいて見ていますと、二日目の夕方には、菌糸を置いたところが褐色に変わり、明らかに病気がはじまっています。ポリ袋を外してからもどんどん広がり、短大で見たときと同じように見事な輪紋ができました。五枚使った五枚ともに同じように出てきました。よほど病原性が強いことを示しています。さあこうなれば明らかにニューパラサイトの発見です。しっかりとパラサイトを捕まえ、試験管の中に閉じこめてあります。

正体を現さないパラサイト

しかし、ここで困ったことが起こりました。この菌を試験管の中で二週間、三週間と培養を続けてもいっこうに胞子を作ってくる気配がないのです。胞子ができないとこの菌がどういう菌なのか性質を調べることができません。ということは分類、同定ができないということです。困ってしまいましたが、こういうときのためにかつて自分が開発し、このごろ若い人たちがそのときの文献を引用して使っている寒天葉片法というのがありますので、これを応用してみました。

この方法はとても簡単な方法で、まず一・五パーセントのウォーターアガーを流したシャーレを作っておきます。そして夏ならアジサイ、冬ならクチナシの葉を数枚集めてきて、鋏で葉をシャーレに入るように円く切ってシャーレの数だけそろえます。一方小さな鍋に湯を沸かし、がらがらと煮立てておきます。長めのピンセットで葉をつかみ、熱湯の中に二、三枚放り込みます。腕時計を覗きながら三〇～五、六〇秒のうちに引き揚げ、一枚ずつ寒天の上に載せていきます。これで準備オーケーです。あとは胞子ができなくて困っている培養の菌を、菌糸片にして葉の中央に植えつけて、窓辺の散光の当たるところに置いてやります。柄子殻(へいしかく)とか子のう殻のような胞子が入る殻を作る菌は、寒天培地の上ではなにも作らなくても、この方法だとおもしろいようにこれを作ってきます。

ところが、この菌はこの方法でもピクリとも反応しません。しぶとい奴だなあと思いながら眺めていましたが、あるとき樹木の病原菌やキノコ類のことに詳しい専門家小林享夫さんにこの菌を見せて相談をかけたところ、長年その方面の菌を見続けてきた人の勘は鋭く、一目見てこれは担子菌(たんしきん)類ではないかというのです。担子菌類といえば正にキノコを生ずる菌のことです。そこで二人でいろいろ相談しました。発生していたときの様子を話しながら、どこからこの菌の胞子が飛んできたのだろうというのが二人の関心の的でした。とにかく六〇〇〇以上ある植物病害の中で、ラッカセイのような草本植物の葉に担子菌類が寄生して病斑を作るという例はありませんから、これはよほど特殊な例です。

二人で推理した結果はこんなふうになりました。

芝生か芝生の周囲にある垣根の樹、あるいは校庭のまわりにあるサクラやカシなどの樹木のどこかにキノコが出ていて、キノコのひだの裏側から飛び出した胞子が風に飛ばされ、そのいくつかがラッカセイの葉につき、雨か露に濡れて発芽し、たまたまその菌がラッカセイに寄生する性質があったために病斑を作ったのだろう、というわけです。当たらずといえども遠からずの推理だと思うのですが、科学者たるものこんなおもしろい現象を前にして単なる推理だけで引っ込んでいるわけにはいきません。どうしても証明してみたいと思いました。

いろいろ考えた末、攻め手は二つあるだろうということになりました。一つはやや乱暴ですが、そこらで手に入るキノコを手当たり次第に集め、片っ端からラッカセイに接種してみる。そして、発病してくるのがあったらそこから菌を分離して、前から培養してある菌と比較してみるという方法です。この方法でやれば、もしかすると怪我の功名で、いままで考えてもいなかったこと、すなわち、日常食用にしているキノコ類の中にも、条件が整うと作物の葉に病気を起こすものがある、というようなことがつかめるかもしれません。もう一つは、もっとオーソドックスな正攻法で、時間はかかるけれども病原性が確かめられたあの菌を、食用キノコを培養する方法で培養し、キノコを出させてみる。そしてキノコの形から分類同定をするという方法です。もちろんもしうまくキノコが出れば、それから胞子を取ってラッカセイにつけてみて輪紋のある病斑を作るかどうか確かめなければいけません。

あとの方のキノコを出させる方法は、早速はじめてみました。ヤマイモが送られてきた箱からおがくずをとり、手に入れた押しムギの粒を同量加え、水を加えて混ぜ、瓶に入れて殺菌しました。殺菌は卓上型の小型オートクレーブを使いました。このオートクレーブは、現役の研究者生活から退くとき、これからの生活の伴侶として購入したもので、旧型の顕微鏡とともにこんなときに大活躍してくれているものです。

菌を接種しておくと、三週間ほどで瓶いっぱいに菌が発育してきました。しかし、なかなかキノコは出てきません。培養をはじめてからかれこれ三カ月はたつのですが、まだ出ません。芝生に生えるキノコもあるので、庭の芝生の隅に穴をあけそこに培養した瓶を割って取り出した菌を埋めてみました。こちらは菌糸がシバの根の間に伸びて城を作ってから出るのですから、早くても三年くらいはかかるでしょう。シイタケのようにほだ木に植えるのも試してみるつもりです。

いずれにしてもこれらは長期戦になりそうです。もっとも瓶栽培の方はまだまだ希望は捨てていません。野外でもキノコがよく出るのは秋雨が降る一〇月から一一月ごろですから勝負はそのころだなと思って待つことにしています。

正体探しの旅

ここまで書いてしばらくほかのところへ筆を移しているうちに、一〇月も半ばになってしまいました。しかし、夏の間もパラサイトの正体探しの旅は続けていました。東京、秋葉原のガード下に、専門家相手の大きな食料品店がありますが、そこには野菜も果物も種類が豊富でしかも品物が新鮮です。キノコの実験にはできるだけ新しいものが必要ですから、キノコは全部ここで買い、その日のうちに実験に使いました。

買ってきたキノコの中からできるだけ傘が大きくなったものを選び、殺菌した小刀で軸を短く切り落とし、シャーレの寒天の上に、ひだのある面を下にして載せ、一晩置いておきました。翌朝見ると寒天の面にキノコの胞子がびっしり落ちて、白くキノコの文様ができています。寒天は透明なので、シャーレを黒い紙の上に置くと文様はなおはっきりと見えます。文様のところを少しかきとって顕微鏡で見ると、ちょうどくるみの実のような形の、小さい胞子が隙間もないほど並んで見えます。もし想定どおりラッカセイの輪紋がキノコの胞子の仕業だとしたら、この胞子をつけてやれば輪紋が出るはずです。食料品店で買ってきて実験に使ったキノコは、シイタケ、マイタケ、シメジ、ブナシメジ、ナメコ、マッシュルーム、エリンギの七種類です。

残念なことにいままでのところこれらはどれも病斑は作りません。結局われわれが日常食べているキノコにはそんないたずらをするものはなかったということです。

こんなわけで、これまでのところ食用キノコからの新パラサイトの正体探しは成功していませんが、この間にそこらで見つけたキノコ三種も試験してみました。一つは芝生に生えたシバフタケです。これにはかなり期待をかけました。それというのも、もともとこの病斑を見つけた短大のラッカセイが生えていたのがそれこそ芝生に囲まれた畑だったからです。

しかし、予想は見事に外れました。キノコを直接ラッカセイの葉にのせてやっても、シバフタケから菌を純粋分離してその菌糸を接種してやってもやっぱり出てきません。そのほかゴルフ場で見つけたフェアリーリングのキノコも、街路樹のケヤキの根元に生えてきた白い無名のキノコも試しましたがだめでした。こうなると手に入るキノコを手当たり次第に当たってみる方法は、どうやらここらあたりで壁になりそうです。そしてやはり、たとえどんなに時間がかかってもオーソドックスな直接法でやろうと思っているところです。

二つ目のめずらしい病斑発見

二〇〇〇年の夏、写真撮影のために郷里の群馬県赤城村とその隣の昭和村の山村部を訪ねたときのことでした。この地帯は高原野菜の産地でハクサイとかアスパラガスとかキャベツなどが、ゆるい斜面の畑に広々と作られています。そんな中をカメラを肩に歩きまわっていると、農家の庭先で自家用のラッカセイが三アールほど作られているところを見つけました。野菜畑の中ではめずらしい作物だったので興味を持って近くまでいってみると、畑のところどころに見たことのない色の葉をつけた株がかなりの率であることに気がつきました。パラサイトがついて起こる病気の症状にしては、普通の斑点ではなく、さび斑とでもいうような症状で、いままでに見たこともない症状です。一株の中に五枚か一〇枚の複葉に出ています。

普通なら病気らしくない症状で見過ごすところでしたが、相手がこのところ気にしているラッカセイだし、気になって、何枚か写真を撮り採集もして帰りました。そして、顕微鏡でいろいろ調べてみましたが、さび斑のところにはまったく胞子が形成されていません。しかし、念のために表皮を剥いで染色液で染めてみると、驚いたことにさび斑のところには表皮の下にごつい菌糸がびっしりと這っていました。これは普通ではないなと思い、とりあえず菌の分離をやってみました。そうすると簡単に菌が出てきたのですが、さらに驚いたことに、分離用にウォーターアガーの上に置いた病葉切片のまわりにびっしりと胞子ができているのでした。その胞子は普通では雑菌の部類に入ることの多いアルターナリアという種類の菌でした。

アルターナリアという菌は、自然界には雑菌として、胞子がいくらでも飛びまわっています。ですから、アルターナリアでは相手にしない方が無難かなと思いましたが、切片のまわりに出たおびただしい量の胞子が気になって、これはいっぺん追いかけてみる価値があるかなと思いました。慎重に何枚もの病葉を使い、観察したり菌の分離をしたりしました。そうすると、どの病葉もまったく同じ状態で、出てくる菌もその様子も同じです。これはもしかしたら新しいパラサイトに遭遇しているのかもしれないと思い、もう少しつっこんでみることにしました。

手はじめはほかにこういう例があるかどうかということです。もしほかにもあるのにいままでだれも気がつかなかったのだとすれば追究してみる価値があります。またかなり広く調べてみてもどこにもこういう例がなく、たまたまぶつかった一例だけだとすればあまり追究する価値はないでしょう。

そこで、ラッカセイでは日本で唯一の育種の試験場である千葉県八千代市にある千葉農試ラッカセイ研究室を訪ねてみました。曾良室長さんに案内していただいて、何万本とあるいろいろな品種のラッカセイを調べてみましたが、わずかに一品種に同じ症状を見つけただけでした。どうもこれではいまひとつ自信が持てません。ところが、あるとき東京都の農業試験場を訪ねたとき、試験の番外に作られていたラッカセイにまったく同じ症状がそれもかなりひどく出ているのを見つけました。これでだいぶ自信をつけ、やはり本格的にパラサイトの正体を突き止める研究をしてみようと思い立ちました。そしてその前に日本にはアルターナリア菌による病気の報告はないけれど世界的にはどうだろうと思い、アメリカの学会で出しているラッカセイの病気の本を調べてみました。その結果、この菌による病気が、たった一例ですがインドから報告されていることがわかりました。一枚だけですが症状の写真も載っていて、昭和村で見た症状とそっくりです。記述はほんの数行しかなく詳しいことはわかりませんが、どうやらおもしろくなりそうな予感がしてきました。

新パラサイトとラッカセイの結びつき

昭和村の例も東京都農試の例も、丁寧に観察してみても、どうもその場でどんどん伝染しているようには見えません。また分離した菌をラッカセイの苗に接種してみても、再分離はできるものの、さび斑のような症状は出しません。そこで考えたことは、もしかするとこれは種子伝染性の特殊な病気かもしれないということでした。そうだとすれば是非今年のうちに病株から種子を取り、来年播いてみなければなりません。農家のものをいただくより農業試験場のものを材料にした方が確実だと思い、東京都農試にお願いして種を取らせてもらいました。

いろいろな作物につくパラサイトの中には種子の中に潜んでいて、来年種子が生えるときにはじめから組織の中に入っていて、その個体をまず病気にし、そこで増えてから次々に伝染するという頭のよい生活をするパラサイトもいます。このラッカセイさび斑病もその類かもしれません。今年は群馬県で畑を借り、五月の連休に種播きをしました。さて本当にさび斑が出てくるかこの夏が楽しみです。

東京でなにやかやと過ごしているうちに六月、七月、八月と季節はどんどん進みました。この間六月にも七月にも群馬へ帰るたびにラッカセイ用に借りた畑へ出かけましたが、勢いよく伸びるラッカセイには何の変化もなく、出る葉も出る葉もみな緑色です。しかし八月のお盆過ぎに行ったときには違いました。対照のために健全株の種子を播いた区画は全株緑のままですが、さび斑の株から取った種子を播いた区には、元の株に出ていたさび色の斑紋とそっくりの斑紋が現れている株があるのです。端の方から一本一本確かめて確実に出ている株に目印の竹を立てました。結局一五本の竹が立ちました。ということは約一五パーセントの発病率だということです。

菌類の病気で一五パーセントの種子伝染率というのは決して低い値ではありません。病気としては被害は軽そうですが、パラサイトの性質としてはとてもおもしろい性質を持っていそうです。というのは、種子の中に菌があり、発芽して大きく育ってから頂葉の方に病徴が出るというのは、菌糸が茎や葉柄の中まで入っていると考えられるからです。こんな例はごく稀です。こういうことを調べるにも、なんとしても観察数が足らないのが気になりました。

そこで、秋になってから神奈川県の農業総合研究所へ調査させてもらいに行きました。神奈川県もラッカセイでは古い産地で、いまでも秦野市を中心に広い面積で作られています。研究所では、品種試験やマルチに使うフィルムの試験などがおこなわれていました。このマルチというのは、畑の畝(うね)を黒いフィルムですっぽりとおおってしまう方法で、雑草を抑えたりラッカセイの生育を早めて収量を増やしたり、なかなか効果があるのです。しかし、終わった後のフィルムの処分がむずかしくて農家を悩ませているのです。そこで研究所ではいま開発されつつある分解しやすいフィルムでマルチをする試験をして、結果がよければ農家にも薦めようとしているところでした。

この研究所ではまた、品種保存といって昔からの品種や外国の品種などを保存するためにたくさんの品種を植えている畑がありましたので、さび斑の調査はここでやらせてもらうことにしました。品種試験は昔からの在来種や中国やジャワ、オーストラリアなどから入った品種、最近千葉農試で作られた品種など二〇近い品種で試験されていましたが、その畑の中をめざすものがあるかどうか半信半疑で見てゆくうちにやはりありました。半分以上の品種に多かれ少なかれ出ていました。これでこの不思議なパラサイトとラッカセイの関係は一部のごく特殊な現象ではなく、相当広く出ているものだということがわかりました。これではしっかり追究してみなくてはなりません。

黒い粒に注目

ところで、神奈川県の研究所で調べさせてもらったときに思いもよらない現象に行き当たりました。そこで見つけたものからも同じ菌が取れるかどうか確かめなければなりませんので、典型的な病葉から菌を分離してみました。その結果、予想どおりの菌が高い率で取れるのですが、そのとき病葉の切片に黒い粒々がたくさんできているのでびっくりしました。こんなことは去年も今年も夏の間の試験では経験したことがありませんでした。もしかしたらそのときにもあったのに、培地に伸び出す菌糸の方にばかり気をとられて気がつかなかったのかもしれません。とにかく、たくさんの黒い粒ができています。ルーペでよく見るとこの粒は、ある種のパラサイトが自分の繁殖のために胞子を作るとき、こんな形の入れ物の中に胞子を作ることがありますが、それにそっくりです。しかしアルターナリアという菌はこんな面倒なものは作らず、菌糸から直接枝を出して胞子を作るタイプのはずです。

おかしいなと思いながら、とにかくこの黒い粒を割って調べてみることにしました。ピンセットとメスで切片の一部を切り取り、スライドグラスの上で押しつぶしてみると、顕微鏡の視野に入ってきたものはこれまたびっくりするようなものでした。実は頭の隅のまた隅の方でほんの少し予想していたことがあったのです。日本ではまだ報告されたことがないのですが、世界的にはごく稀にこのアルターナリアという菌が完全世代を作ることがあるということになっていたので、もしかしたらこの不思議な行動をしている菌がそのごく稀なケースに入りはしないかと想像をしていたのです。顕微鏡下に見えるものはまさにその空想の代物みたいなものでした。形から見てどう見ても完全世代の胞子の形態です。それも文献上で、もしアルターナリアが完全世代を作るとすれば

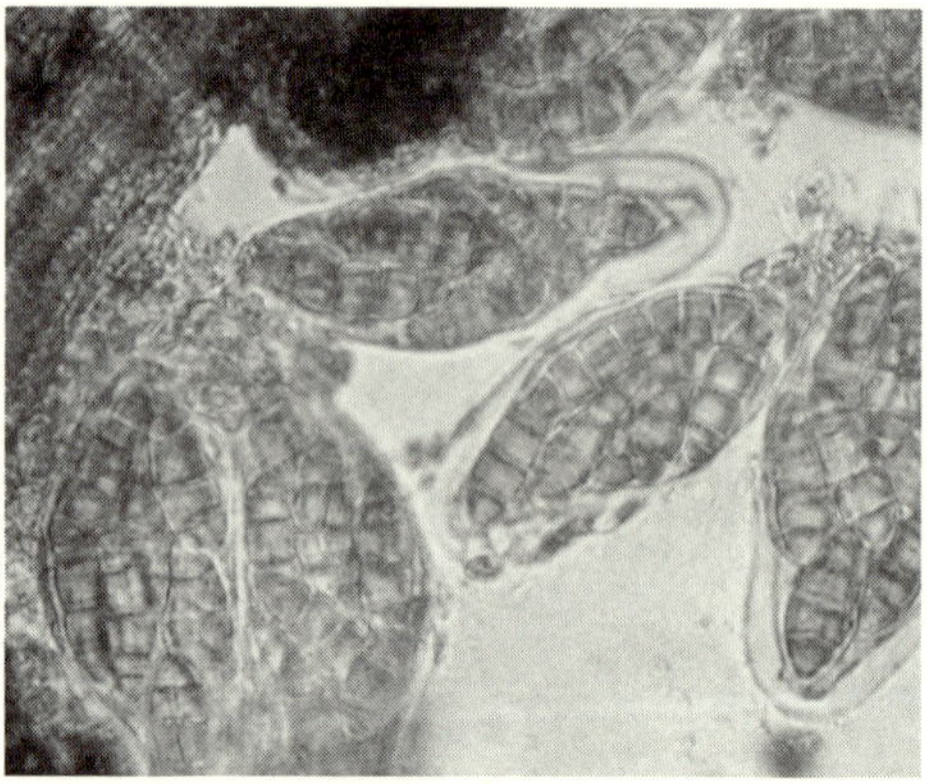

ラッカセイの枯れ葉に生じた子のう胞子

この形と記載されている形そっくりです。どんな形かといいますと、殻の中に子のうといってバナナを太くしたような形の袋が入っており、この袋の中には必ず八個の胞子が入っている。そしてその胞子の一つ一つは楕円形で、縦と横の隔壁を持つ胞子であるというのです。見ればそのとおりの形をしています。

さあ、おもしろくなりました。思わず胸が高鳴り、夜中なのに立川にいる共同研究者のところへ電話して、とんでもない事になってきたぞと言ったほどでした。しかし、冷静になってみると、ここであまり興奮しているわけにはいかないのでした。これが本物かどうか証明するにはまだまだ山ほどしなければならないことがあるのです。

アルターナリアの完全世代発見か

まずしなければならないのは、子のうの中に入っている胞子、子のう胞子というのですが、これから菌を分離して培養し、その菌がアルターナリアの形の胞子を作るかどうか確かめることです。話が少しほかへ飛びますが、サツマイモやジャガイモはふつう種子ができず、増やすのには藷(いも)そのものを使います。もっともサツマイモはいったん藷を苗床に伏せておいて、芽を出させてからその芽を切って畑に植えるのが普通ですが、いずれにしても両方とも種子は使いません。しかし本当は両方とも特殊な条件を与えてやれば立派に種が取れるのです。ジャガイモは日本の普通の畑では実を結ぶことはありませんが、サツマイモは枝を切ってきてアサガオを台木にして接ぎ木をしてやると花が咲き種子も取ることができるのです。

問題の菌は子のう菌類というのですが、この仲間の菌類はちょうどサツマイモやジャガイモとよく似た性質を持っていて、夏の間どんどん増えるときには薯に当たる分生子という胞子を大量に作ります。この分生子というのは菌糸の切れっ端がそのまま胞子になったようなもので、細胞としては体細胞そのものです。

ところが植物でも種子というのはまったく違います。まず花が咲いて、花粉が虫に運ばれて雌しべの先につき、花粉が発芽して雌しべの中に伸びていき、子房に到達してそこで受精がおこなわれます。その結果できるのが種子ですから種子の方が手続きが大分複雑です。それだけ高級なわけです。脊椎動物のような高等動物には雄と雌、雄性と雌性という性がありますが、この性があって繁殖がおこなわれるのを有性生殖といいます。植物ももちろん有性生殖です。そして、菌類も、いかにも下等に見えますが、実は有性繁殖をしているものが多いのです。先に述べた完全世代というのがまさにそれで、またの名を有性世代ともいいます。

菌類にとって一年に一回有性世代を作るのは、厳しい冬を越すために、また何千年も何万年も生き残っていくためにはどうしても必要なものなのだと考えられています。

話が少し横道にそれましたが、もともと追いかけ中だったパラサイトに話を戻しますと、偶然見つけた完全世代の胞子が、さび斑のところから分離されるアルターナリア菌と同根なのかどうか、それが問題でした。おもしろいことに子のう殻の中にできる子のう胞子というのは、成熟してから湿度の高い条件に置かれると、胞子がぴょんぴょん飛び出す性質があります。そこで子のう殻のできた切片を小さく切って寒天の小片に載せ、この寒天をウォーターアガーを入れてあるシャーレの蓋の内側に貼りつけておきます。こうして一、二日置いておくと、子のう胞子が落ちてくるのがわかりますから、これを釣りとって別の培地に移してやります。うまくいけば胞子を一個一個別々に分離することもできますから、この方法で何株もの子のう胞子由来の菌株を作りました。

これが全部、あるいは全部といわないまでも何株かがアルターナリアの胞子を作ってくればしめたものです。楽しみにして培養していますが、なかなか胞子を作りません。痺れを切らせて毎日のように菌糸を取っては顕微鏡で除いて見ますが、いまのところ見えるのは黒い菌糸ばかりです。せめてもの救いはとんでもないほかの形の胞子は作って来ないことです。この秋のうちに材料だけはいろいろなものをたくさん準備しましたから、冬から春にかけて攻め手を変えては攻めてみるつもりです。

いままでのところ状況証拠だけはいろいろ集めることができました。まずさび斑のある葉からは、どこで採集したものでも、まず例外なく子のう殻ができました。また同じ株の葉でも、さび斑のないものからはほとんどこの子のう殻ができません。

ラッカセイさび斑病と命名

平成一三年の秋、つくば市の国際交流会館で日本植物病理学会の関東部会が開かれ、共同研究者の古川聡子さんが講演発表をし、このアルターナリアによる病害を「ラッカセイさび斑病」と命名しました。しかしこの病気の病原パラサイトは、前述しましたように、なかなか複雑な生態をしているようですから、これだけで幕を引かず、これからも何年もかけて追いかけてみるつもりです。さしあたりこの夏も、去年の秋、神奈川県の農業総合研究所で採集した種子を播いて、もう一度種子伝染による発病を確かめること。そのとき出るさび斑の葉から逆にたどって、どこまで菌糸が入っているか調べること。そして最後に秋の末に現れる例の子のう殻とアルターナリアとの関係を執拗に追い詰めること。こんなふうに考えていますが、さあどうなるでしょうか。

そっと覗いてみたパラサイトたちの楽園

枯れ葉の上で活躍する菌類

一〇月も半ばを過ぎるとサクラの葉もすっかりまばらになり、残った葉も黄葉、紅葉に変わってきます。畑へ行ってもダイズ畑やラッカセイ畑では、葉に夏のような生気がなくなり、色もくすんだ緑や黄緑に変わっています。実は、この季節はある種の植物パラサイトたちにとって、それこそこの世がパラダイスに早変わりするのです。ある種のといったのは、いわゆる病原菌ではないパラサイトという意味です。元気な植物をどんどん病気にしてしまうパラサイトは、春や夏の間にも条件さえよければいくらでも増殖し病気を起こします。しかし元気な植物の中では病気を起こすほどには繁殖できず、ほんの少しだけ菌糸の先を入れたり、細い菌糸をごくまばらに組織の中に伸ばしているだけという菌もあるのです。ある種のというのはこういう菌のことを指しています。彼らは分離培養することはできますが、元気な植物に接種しようとしても目に見える症状を出さないので、本当の病原菌のようにうまくその姿を捉えることができません。そのため、あまり詳しく性質を調べることはできないのですが、ある方法を取ると彼らを元気づかせることができるので、その方法を使ってそっと彼らの様子を覗いてみることにしましょう。

材料にはラッカセイを使うことにしました。この時期のラッカセイはどんな状態になっているかといいますと、夏の間はどんどん伸びていた枝の先はぴたっと成長が止まり、枝の下の方から地面に伸びたストロンは、しっかりと土に入ってその先に土を盛り上げるようにして豆ができてています。葉はといいますと鈍いような濃い緑色になって、ところどころには破れたり枯れたりしたものも見えています。このころの葉や茎は、養分を豆の方へ送り込んでしまって生理的には老年期に入っているのです。ですから自分の体の中で異物が動き出しても、それを抑え込むだけの生理機能も失われています。

いわゆる病原体でないパラサイトたちにとっては願ってもない時期です。いままでは細い菌糸であったものが、もこもこと動き出し、菌糸を太くして伸び出します。でも病原体ではありませんからここでもまだ症状は出しません。こういう時期の葉を、なるべく健全に見えるるのを選んで五枚ほど採集し、五日間部屋の中で乾燥させせました。そうすると秋の乾燥した空気でたちまちからからに乾いてしまいました。乾いたということはその前まで生きていた葉がすっかり死んだということです。これからもう一度水に挿しても生き返ることはありません。そして五日目にまったく同じような葉を五枚とってこちらは生きたまま、それぞれ別々のシャーレに入れました。シャーレの底には一・五パーセントの寒天が流し込んであります。これを窓辺において七日後に調べてみると驚くような結果になっていました。

生きたままの葉を入れた方は七日たっても何の変化もなく、入れたときのままの顔をしています。ところが乾かしてから入れた方は、どの葉も色は褐色に変わり、しかも葉の表面が黒い粒々だらけになっています。シャーレに入れる前の葉はからからにはなっていましたが表面はすべすべしていました。ところが一週間の間にその表面はまるでいぼ蛙の背中のようになっています。

ルーペで覗いてみると、そのいぼは葉の組織の中に何か球形の粒ができ、表皮を持ち上げていぼいぼになっているようです。しかもいぼの様子が一様ではありません。中にはいぼの先から褐色の糸のようなものを出しているのもあります。ひとつだけではありません、一〇、三〇個が集団でそんな姿をしています。またその隣には肉色のべたべたしたものがちょうど蜂蜜をたらしたように出ているところもあります。そしてべたべたしたものが出ているところをルーペでもう少し丹念に見ると、べたべたのかげに黒い色をした粒がところどころに固まってできているのも見られます。

いぼいぼとべたべたの正体

次にルーペから顕微鏡の世界に入ってみましょう。はじめにいぼ蛙の背中のようなつぶつぶのところを調べてみます。先の鋭い鋏とピンセットで一ミリ角くらいに切り取ったかけらを顕微鏡で見ると、なんとその粒々は、一つ一つが菌の柄子殻（へいしかく）という胞子の入れ物でした。その先から伸び出していた糸のようなものは何万という胞子の塊だったのです。胞子の形から見るとこの菌は病原菌としてもいろいろな植物に斑点性の病気を起こすフォーマという属の菌のようです。

この属の菌が病気を起こすときは葉や枝に褐色の斑点をつくり、斑点が古くなるとそこに同じような粒をつくるのですが、その数はせいぜい数個か一〇個くらいなものです。しかしこの枯葉の上の数の多さはどうでしょう。葉の全面を調べたことはありませんが、顕微鏡の一視野の中だけでも何十とあるのですから、葉全体ではおそらく何百ではきかない数になるでしょう。その上一個の粒の中に何万という胞子があるのです。だから一枚の葉の中に作られている胞子の数は想像を絶する数になりそうです。

ここで、この現象はどういうことかと想像をめぐらせて見ました。まず病原菌の方のフォーマ菌は、生きている植物と戦いながら、局地戦で勝ったところにだけ菌糸を増やし、植物の細胞を殺して病斑を作るのですから、せいぜい径数ミリの小さな斑点しか作れません。ところが枯葉の中に大量の粒々を作った方の菌は、夏の間ラッカセイが元気のうちはほんの少しの菌糸しか組織の中にはびこらせてはいませんが、秋末になって老衰してきた葉の中では、いつの間にか菌糸を太くしかもたくさんにし、十分に力をつけていました。そして四、五日乾燥させられている間にも抜け目なく菌体を増やし、そのあと一週間湿度の高い条件におかれていた間に昼夜兼行で働き、あの粒々すなわち柄子殻という胞子の入れ物と中の胞子を作り上げていたのです。両方とも同じフォーマ属の菌だとすれば、同じくラッカセイに寄生するパラサイトなのにずいぶん違うものだなと思います。

もう一方の肉色のべたべたしたものを作っていた方はどうなったでしょうか。この肉色のものを針の先につけてスライドに載せ顕微鏡で覗いて見ます。こちらは楕円形の無色透明なきれいな形の胞子で、それがやはり何万とあります。この形は確かに病原菌として、こちらもたくさんの仲間がある炭疽病菌です。フォーマ型のパラサイトとこの炭疽病菌型パラサイトは一枚の葉の中でも棲み分けをしているらしく、五枚試験した葉が五枚ともその割合が違っています。あるものはほとんど葉全体がフォーマ型の黒いいぼいぼだけ、ま

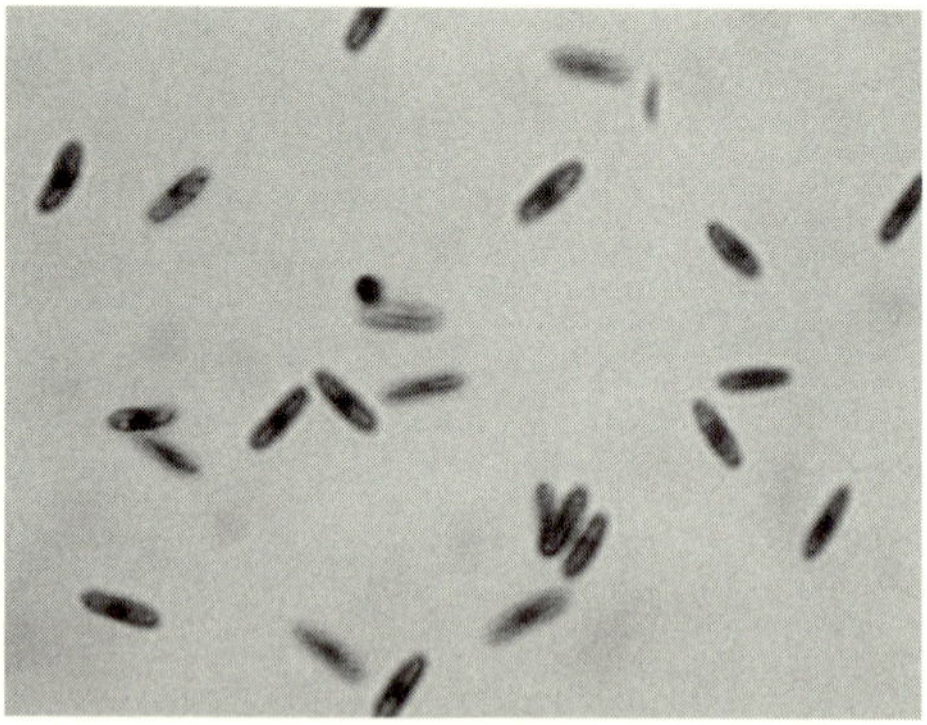

炭疽病菌の胞子

たあるものはところどころ島のようにべたべたが出ているといった調子です。たぶん生きてる状態のとき葉の中でそんな棲み分けをしていたのでしょう。

それにしても驚きました。病原菌でないパラサイトがこんなにも見事に生きた葉の中に寄生しており、ひとたび葉が枯れるといっせいに自由な活動をはじめて、わずか一週間で膨大な量の胞子を作るとは。

実験、観察はひとまずここまでにして、今まで見てきたことがどんなことを表しているのか考えてみました。

シャーレに入れる前にどの葉も消毒用アルコールをたっぷり含んだ脱脂綿できれいに拭いてありますから、少なくとも表面についていた菌の胞子は埃といっしょに拭い去られていたはずです。ですから四、五日間乾燥させたといってもその間によそから胞子が飛んできて発芽、侵入したはずはありません。そうするとこのパラサイトたちは、きっと葉がまだ生きているうちに葉の中に入っていて、外から見えない形で菌糸を伸ばしていたに違いありません。

しかし、それにしてはラッカセイの葉は見たところまったく健全でした。自分の体の中によそ者が入り込んで細胞の隙間に菌糸を伸ばしていたりすればずいぶん迷惑だと思うのにです。この両者はよほど相性がよいに違いありません。今回はラッカセイの葉という小さな窓から覗いただけですから、自然界全体から見れば九牛の一毛どころか何万牛の一毛を見ているに過ぎないのですが、それでもこんなことが見えてきました。自然界全体の中には、それこそとてつもない数の植物とパラサイトの関係が隠されているのだなと思い知らされます。

葉の上にかわいいキノコが登場

さてそのパラサイトたちはその後どうしているかなと思い、一〇日ほどたってからまたルーペで覗いてみました。そうするところどころに白い網のような形をした菌糸が伸びています。ははあ、また違ったものが出てきたなと思い、その菌糸の伸びた先の寒天の上を覗いてみると、今度はおもしろいものが見えました。ルーペの下に見えてきたのはかわいいキノコです。キノコといってもルーペで見てやっと見えるのですから、普通のキノコとはまるで違うもののはずですが、形は確かにキノコの形そのものです。その形を見てはっきりわかりました。これはむかし南方熊楠博士が好んで研究されたという粘菌(ねんきん)の一種です。そういえば粘菌たちは深い森の中で、落ち葉や枯れ木の腐りかけたものの上に好んで繁殖するのです。たぶんどこかで胞子がもぐりこんで、枯れ葉になってその上にパラサイトたちが繁殖した状態が粘菌の繁殖に適していたのでしょう。粘菌たちは枯れ葉の組織とともにパラサイトの古くなった菌糸なども栄養分にしていたに違いありません。

驚いたのはそればかりではありません。粘菌の生えた葉の端の方をちぎって顕微鏡で覗くと、いきなり大きなミミズのようなものの姿が見えました。ミミズであるはずはありません、センチュウです。センチュウが一つの視野の中に三匹もいます。これは畑にある間にどこかにセンチュウの卵が産みつけられ、アルコール脱脂綿で強く拭いたくらいでは落ちなかったのでしょう。センチュウたちは盛んにくねくねと動きながら何かを食べている様子です。彼らもまた何万とあるフォーマ型のパラサイトや炭疽型のパラサイトの胞子や枯れ葉の組織を食べているのです。そういえばあれほど大量にあった胞子の姿がまばらになっているような気がします。

これがラッカセイの葉を約二週間観察した結果です。終わりの方の粘菌とセンチュウは、枯れ葉やその上で増えたパラサイトを餌にする森の掃除屋たちですが、ラッカセイの葉の上で繰り広げられた、このパラサイトたちの変身の様子には本当にびっくりさせられました。ここで見たのは一枚か二枚の葉でしたが、ラッカセイ畑全体ではこれが何万枚もあるのですから、パラサイトたちの種類も胞子や菌糸の量もそれこそとんでもない数量になるはずです。

しかも地球上にはそんな畑が数限りなくあります。そればかりではありません、野原や森もあり、そこには限りない種類と量の木や草があります。そういう木や草の葉の中にもラッカセイの葉で見たのと同じパラサイトたちの世界があるのです。

地球上には膨大な種類と数の植物が生えており、その植物にはまた、この植物たちを唯一の棲みかとするパラサイトたちが数え切れないほどの種類と数棲息し、それぞれ特徴のある生活を営んでいるのだということを実感していただけたでしょうか。私は植物病理学者として五〇年余り生きてきましたが、この本を書いてみて、改めて、自分はいままであまりにも病原菌という狭い範囲のパラサイトにばかり眼を向けていたなとしきりに反省しているところです。

あとがき

この本の中で私は、植物とパラサイトが織り成す世界のごくごく一部を、二十ばかりの話題を例に語ってきました。いつも見ている森の木や、田んぼや畑の作物の中に、思っても見なかったパラサイトたちの不思議な世界が隠されていたことを知っていただけたことでしょう。パラサイトたちは、普段はわれわれ人間の目には見えないのに、いったん彼らの好きな条件がそろうと、昔アイルランドで起きたように、何十万人もの人を餓死させるほどの大事件を引き起こす潜在力を持っていることもわかっていただけたと思います。またMLO発見物語、ミカンのウイルス病やメロンの奇病、あるいは「日本のスイカの危機」という話の中で、パラサイトの姿が長い間わからなかったり、突然見たこともない激しい病気が発生したりしたときにも、辛抱強く探ってゆけば、思いもかけないパラサイトたちの姿が明らかにされ、それによって病気の被害を未然に防ぐことができたり、また学問も一段また一段と発達していくこともわかっていただけたと思います。

そして、植物とパラサイトたちの間にはまだまだ明らかにされていない未知の世界が、広く深く存在していることも感じていただけたことでしょう。植物の種類もそれにつくパラサイトの種類も数限りなくありますから、まだまだわかっていないことの方がずっと多いのです。いま名前や性質がわかっているパラサイトでも、いつその性質が変わり、まったく新しいパラサイトのように行動することがあるか、それも注意していかなくてはなりません。

二十世紀の後半から二十一世紀にかけて科学技術の世界では猛烈な進歩がありました。もちろんいまも進歩しつつあります。その進歩の中で、一部の植物の世界にも、かつて経験したことのない大きな変化が起こりました。それは何かといいますと、ダイズやトウモロコシのような主要作物で遺伝子組換え体の品種が大々的に作付けされるようになってきたことです。いまのところ組換え体は、除草剤耐性や害虫抵抗性の遺伝子を組み込んだものが主ですが、まもなく病害抵抗性すなわちパラサイト耐性の品種も次々と実用化されることでしょう。そうなったとき私が秘かに心配しているのは、いまはまだ組換え体の花粉が飛ぶか飛ばないかが問題にされているだけですが、組換え体という新しい性質を持った作物が広く長期間作られることにより、その影響を受けるパラサイトたちの間に、どんな変化が起きるだろうかということです。次の世代の研究者たちがしっかりとウォッチングし、対策を研究してほしいと思います。

「サクラの巨木に頼るパラサイト」の話の中に出てくるキュウリモザイクウイルスというパラサイトは、世界中の畑や菜園、花壇などの作物の中で、いまも毎日暴れまわっているのですが、こんなに科学も技術も発達した世の中でも、これに対して私たちがいまできることは、ウイルスの伝播者であるアブラムシを防ぐか、抵抗性品種を作ることくらいです。私たちはまだ彼らを無害にコントロールする知識も技術も持たないのです。彼らは木にも草にも潜んでいて、人の力では到底つかまえきれないからです。神出鬼没するパラサイトたちの世界、そこにはまだ誰も踏み込んだことのない深い谷や高い山があり、探ってみたいことが山のようにあります。私が長い間やってきた植物病理学は、もちろんそういうことを研究する学問ですが、それと同時にウイルス学や細菌学、菌学などとも深く関係し、幅が広くしかも人類のために役立つ大事な学問分野です。そこには究めれば究めるほどおもしろい学問の世界が開けています。一人でも多くの若者がこれに興味を持ち、私たちが開こうとして開ききれなかった未知の世界に、果敢に挑戦してくれることになればこれに勝る喜びはありません。若者たちよ来たれ、君たちの力を待つ自然科学の世界は無限にひらけている!といいたいのです。

最後になりましたが、本書を執筆する端緒を与えてくださり、また終始励ましてくださった八坂書房の中居恵子氏と、快く出版を許してくださった同社社主八坂安守氏に、心よりお礼申し上げます。

参考文献

小学館、園芸植物大事典（全三巻）、一九九四
與良　清、昭和農業技術研究会講演録、一九九九
與良　清他編　植物ウイルス事典、朝倉書店、一九八三
植物病理学会編　植物病理学事典、養賢堂、一九九五
小崎　格他監　新編原色果物図説、養賢堂、一九九六
岸　國平編　日本植物病害大事典、全国農村教育協会、一九九八
宇江敏勝著、森のめぐみ、岩波新書、一九九四
岡田吉美著、新植物をつくりだす、岩波ジュニア新書、二〇〇一
奥　八郎著、病原性とは何か、農山漁村文化協会、一九八八
小野小三郎著、新・実験以前のこと、農業技術協会、二〇〇二
向後元彦著、緑の冒険、岩波新書、一九八八
瀬名秀明著、パラサイト・イブ、角川書店、一九九六
日本林業技術協会編、森林の一〇〇不思議、東京書籍、一九八八
萩原博光・伊沢正名著、森の魔術師たち―変形菌の華麗な世界―、朝日新聞社、一九八三
服部　勉著、大地の微生物世界、岩波新書、一九八七
藤田恒夫著、腸は考える、岩波新書、一九九一
盛永俊太郎著、私と農学―名著を読む―、農山漁村文化協会、一九八〇
吉川昌之介著、細菌の逆襲、中公新書、一九九五
渡辺　格著、生命のらせん階段、文芸春秋、一九七八
ヴァレリー・ラド著／桶谷繁雄訳、ルイ・パストール、冨山房、一九四一

著者略歴

岸　國平（きし・くにへい）

1926年 群馬県生まれ
1950年 東京大学農学部卒業。同年農林省入省。
園芸試験場、野菜試験場で病害研究室長の後、農事試験場長、
技術会議事務局長、農業研究センター所長を歴任。
1984年退職。その後都立立川短期大学学長を経て、
農業技術協会会長に就任。現在、同顧問。
日本植物病理学会会長、現在同名誉会員。
農学博士、日本植物病理学会賞受賞、勲三等旭日中綬章。

植物のパラサイトたち —植物病理学の挑戦—

2002年7月10日　初版第1刷発行

著　者　岸　國平
発行者　八坂安守
印刷・製本　モリモト印刷（株）

発行所　（株）八坂書房
〒101-0064 東京都千代田区猿楽町1-4-11
TEL.03-3293-7975　FAX.03-3293-7977
郵便振替口座　00150-8-33915

ISBN 4-89694-482-8